高等院校智能制造人才培养系列教材

现代工程制图

韩丽艳　主编　　丁乔　孙轶红　副主编

Modern
Engineering Drawing

化学工业出版社

·北京·

内容简介

本教材是"高等院校智能制造人才培养系列教材"之一,面向智能制造及机械类相关专业。本教材的主要内容包括制图国家标准的基础知识、基本几何元素的正投影原理、立体的投影及相交、组合体的投影及尺寸标注、轴测投影、机件的各种表达方法、标准件和常用件的表达方法、零件图的绘制及技术要求、装配图的绘制和利用 SolidWorks 软件三维造型等。

本教材适用于普通高等院校 48~80 学时工程制图课程学习的学生,也可供有工程制图学习需求的技术人员参考。

图书在版编目（CIP）数据

现代工程制图 / 韩丽艳主编；丁乔,孙轶红副主编. 北京 : 化学工业出版社, 2024. 7. --（高等院校智能制造人才培养系列教材）. -- ISBN 978-7-122-46108-7

Ⅰ. TB23

中国国家版本馆 CIP 数据核字第 2024DB8878 号

责任编辑：金林茹　　　　　文字编辑：温潇潇
责任校对：赵懿桐　　　　　装帧设计：韩　飞

出版发行：化学工业出版社
　　　　　（北京市东城区青年湖南街 13 号　邮政编码 100011）
印　　装：三河市君旺印务有限公司
787mm×1092mm　1/16　印张 16　字数 364 千字
2025 年 4 月北京第 1 版第 1 次印刷

购书咨询：010-64518888　　　售后服务：010-64518899
网　　址：http://www.cip.com.cn

凡购买本书,如有缺损质量问题,本社销售中心负责调换。

定　价：56.00 元　　　　　　　　　　版权所有　违者必究

高等院校智能制造人才培养系列教材建设委员会

主任委员：

罗学科　　郑清春　　李康举　　郎红旗

委员（按姓氏笔画排序）：

门玉琢	王进峰	王志军	王　坤	王丽君
田　禾	朱加雷	刘　东	刘峰斌	杜艳平
杨建伟	张　毅	张东升	张烈平	张峻霞
陈继文	罗文翠	郑　刚	赵　元	赵　亮
赵卫兵	胡光忠	袁夫彩	黄　民	曹建树
戚厚军	韩伟娜			

序

党的二十大报告指出,要建设现代化产业体系,坚持把发展经济的着力点放在实体经济上,推进新型工业化,加快建设制造强国、质量强国、航天强国、交通强国、网络强国、数字中国。实施产业基础再造工程和重大技术装备攻关工程,支持专精特新企业发展,推动制造业高端化、智能化、绿色化发展。推动战略性新兴产业融合集群发展,构建新一代信息技术、人工智能、生物技术、新能源、新材料、高端装备、绿色环保等一批新的增长引擎。其中,制造强国、高端装备等重点工作都与智能制造相关,可以说,智能制造是我国从制造大国转向制造强国、构建中国制造业全球优势的主要路径。

制造业是一个国家的立国之本、强国之基,历来是世界各主要工业国高度重视和发展的重要领域。改革开放以来,我国综合国力得到稳步提升,到 2011 年中国工业总产值全球第一,分别是美国、德国、日本的 120%、346% 和 235%。党的十八大以来,我国进入了新时代,发展的格局更为宏大,"一带一路"倡议和制造强国战略使我国工业正在实现从大到强的转变。我国不但建立了全球最为齐全的工业体系,而且在许多重大装备领域取得突破,特别是在三代核电、特高压输电、特大型水电站、大型炼化工、油气长输管线、大型矿山采掘与炼矿综采重点工程建设项目、重大成套装备、高端装备、航空航天等领域取得了丰硕成果,补齐了短板,打破了国外垄断,解决了许多"卡脖子"难题,为推动重大技术装备高质量发展,实现我国高水平科技自立自强奠定了坚实基础。进入新时代的十年,制造业增加值从 2012 年的 16.98 万亿元增加到 2021 年的 31.4 万亿元,占全球比重从 20% 左右提高到近 30%;500 种主要工业产品中,我国有四成以上产量位居世界第一;建成全球规模最大、技术领先的网络基础设施……一个个亮眼的数据,一项项提气的成就,勾勒出十年间大国制造的非凡足迹,标志着我国迎来从"制造大国""网络大国"向"制造强国""网络强国"的历史性跨越。

最早提出智能制造概念的是美国人 P.K.Wright,他在其 1988 年出版的专著 *Manufacturing Intelligence*(《制造智能》)中,把智能制造定义为"通过集成知识工程、制造软件系统、机器人视觉和机器人控制来对制造技工们的技能与专家知识进行建模,以使智能机器能够在没有人工干预的情况下进行小批量生产"。当然,因为智能制造仍处在发展阶段,各种定义层出不穷,国内外有不同专家给出了不同的定义，但智能机器、智能传感、智能算法、智能设计、解决制造过程中不确定问题的智能方法、智能维护是智能制造的核心关键词。

从人才培养的角度而言，实现智能制造还任重道远，人才紧缺的局面很难在短时间内扭转，相关高校师资力量也不足。据不完全统计，近五年来，全国有 300 多所高校开办了智能制造专业，其中既有双一流高校，也有许多地方院校和民办高校，人才培养定位、课程体系、教材建设、实践环节都面临一系列问题，严重制约着我国智能制造业未来的长远发展。在此情况下，如何培养出适应不同行业、不同岗位要求的智能制造专业人才，是许多开设该专业的高校面临的首要任务。

智能制造的特点决定了其人才培养模式区别于其他传统工科：首先，智能制造是跨专业的，其所涉及的知识几乎与所有工科门类有关；其次，智能制造是跨行业的，其核心技术不仅覆盖所有制造行业，也适用于某些非制造行业。因此，智能制造人才培养既要考虑本校专业特色，又不能脱离社会对智能制造人才的需求，既要遵循教育的基本规律，又要创新教育体系和教学方法。在课程设置中要充分考虑以下因素：

- 考虑不同类型学校的定位和特色；
- 考虑学生已有知识基础和结构；
- 考虑适应某些行业需求，如流程制造，离散制造，混合制造等；
- 考虑适应不同生产模式，如多品种、小批量生产、大批量生产等；
- 考虑让学生了解智能制造相关前沿技术；
- 考虑兼顾应用型、技能型、研究型岗位需求等。

改革开放 40 多年来，我国的高等教育突飞猛进，高等教育的毛入学率从 1978 年的 1.55% 提高到 2021 年的 57.8%，进入了普及化教育阶段，这就意味着高等教育担负的历史使命、受教育的对象都发生了深刻的变化。面对地方应用型高校生源差异化大，因材施教，做好智能制造应用型人才培养，解决高校智能制造应用型人才培养的教材需求就是本系列教材的使命和定位。

要解决好这个问题，首先要有一个好的定位，有一个明确的认识，这套教材定位于智能制造应用人才培养需求，就是要解决应用型人才培养的知识体系如何构造，智能制造应用型人才的课程内容如何搭建。我们知道，应用型高校学生培养的主要目的是为应用型学科专业的学生打牢一定的理论功底，为培养德才兼备、五育并举的应用型人才服务，因此在课程体系、基础课程、专业教育、实践能力培养上与传统综合性大学和"双一流"学校比较应有不同的侧重，应更着眼于学生的实用性需求，应培养满足社会对应用技术人才的需求，满足社会实际生产和社会实际发展的需求，更要考虑这些学校学生的实际，也就是要面向社会发展需求，为社会各行各业培养"适销对路"的专业人才。因此，在人才培养的过程中，对实践环节的要求更高，要非常注重理论和实践相结合。据此，在应用型人才培养模式的构建上，从培养方案、课程体系、教学内容、教学方式、教材建设上都应注重应用型人才培养的规律，这正是我们编写这套智能制造相关专业教材的目的。

这套教材的突出特色有以下几点：

① 定位于应用型。这套教材不仅有适应智能制造应用型人才培养的专业主干课程和选修课程教

材，还有基于机械类专业向智能制造转型的专业基础课教材，专业基础课教材的编写中以应用为导向，突出理论的应用价值。在编写中引入现代教学方法和手段，结合教学软件和工业仿真软件，使理论教学更为生动化、具象化，努力实现理论课程通向专业教学的桥梁作用。例如，在制图课程中较多地使用工业界成熟设计软件，使学生掌握比较扎实的软件设计能力；在工程力学教学中引入有限元软件，实现设计计算的有限元化；在机械设计中引入模块化设计的概念；在控制工程中引入 MATLAB 仿真和计算机编程内容，实现基础教学内容的更新和对专业教育的支撑，凸显应用型人才培养模式的特点。

② 专业教材突出实用性、模块化、柔性化。智能制造技术是利用先进的制造技术，以及数字化、网络化、智能化等知识和控制理论来解决制造过程中不确定和非固定模式的问题，使得制造过程具有智能的技术，它的特点是综合性和知识内涵的丰富性以及知识本身的创新性。因此，在教材建设上与以前传统的知识技术技能模式应有大的区别，更应注重对学生理念、意识、认知、思维方式和系统解决问题能力的培养。同时考虑到各行业、各地和各校发展阶段和实际办学水平的不同，希望这套教材尽可能为各校合理选择教学内容提供一个模块化、积木式结构，并在实际编写中尽量提供项目化案例，以便学校根据具体情况做柔性化选择。

③ 本系列教材注重数字资源建设，更多地采用多媒体的互动方式，如配套课件、教学视频、测试题等，使教材呈现形式多样化，数字内容更为丰富。

由于编写时间紧张，智能制造技术日新月异，编写人员专业水平有限，书中难免有不当之处，敬请读者及时批评指正。

高等院校智能制造人才培养系列教材建设委员会

前 言

本书是根据教育部高等学校工程图学课程教学指导委员会 2015 年制定的"普通高等院校工程图学课程教学基本要求"编写的，为适应高等院校智能制造人才培养，从利于本科教学的角度出发，并参考全国多所高等院校历年来教学改革的经验编写而成。

本书通过投影法和制图国家标准将三维形体与二维图形之间进行一一映射，手工绘制形体的形状和投影与计算机辅助绘图同时进行，促进学生工程图形思维方式的养成。不断地由物到图，由图到物，让学生循序渐进地分析和想象空间形体与图纸上图形之间的对应关系，逐步提高空间想象能力和空间分析能力。表达工程中的"立体"是本书的核心内容，内容上遵循从"体"出发的教学观点。

本书核心内容及特点如下：

① 基本体 基本体即平面立体和曲面立体，如简单的棱柱、棱台、棱锥、圆柱、圆锥、球等。它们利用计算机的拉伸、旋转、放样等形成。立体的投影即平面图形，作为三维成图的草图，草图的"形"正确，立体的"形"才会正确。

② 组合体 为帮助学生提高空间想象能力，这部分主要培养学生正确的构型思维，正确的成图后即可利用计算机生成正确的投影图。正确的标注尺寸是学生构型思维水平的体现。

③ 零件图 强化对零件表达、零件图尺寸等重点内容的训练。从分析表达对象的形状特点入手，不仅分析零件的设计结构，还要理解零件的结构形状，拓展到零件的工艺结构。运用国家标准中规定的各种图样画法，完整、清晰地表达零件。强调工程制图课程对学生知识、能力、素质的培养。

④ 装配图 从部件的功能出发，在明确每个零件的结构和作用的基础上，正确分析装配干线，通过分析各零件的装拆顺序，确定每个零件在部件中的位置，正确表达、阅读部件装配图和由部件装配图拆画零件图。

本书由韩丽艳主编，丁乔、孙轶红任副主编。丁乔负责编写第 2 章，孙轶红负责编写第 7 章，其余章节由韩丽艳负责编写。李茂盛、仵亚红等参与部分章节的编写工作。

由于笔者水平有限，书中内容不当之处在所难免，敬请各位读者批评指正。

编者

目 录

第1章 制图的基本知识　　1

1.1 工程制图的国家标准……………………………………1
　　1.1.1 图纸幅面和格式（GB/T 14689—2008）………2
　　1.1.2 标题栏（GB/T 10609.1—2008）……………3
　　1.1.3 比例（GB/T 14690—1993）…………………3
　　1.1.4 字体（GB/T 14691—1993）…………………4
　　1.1.5 图线（GB/T 4457.4—2002）…………………6
　　1.1.6 尺寸注法（GB/T 4458.4—2003）……………8
1.2 投影的基本知识……………………………………… 16
　　1.2.1 投影法………………………………………… 16
　　1.2.2 三面投影体系………………………………… 17
　　1.2.3 点的投影……………………………………… 17
　　1.2.4 直线的投影…………………………………… 19
　　1.2.5 平面的投影…………………………………… 25
　　1.2.6 三维建模中二维草图绘制…………………… 30

第2章 基本体的三视图　　35

2.1 三视图的形成及规律………………………………… 35
2.2 基本体的三视图及尺寸注法………………………… 37
　　2.2.1 平面立体的三视图…………………………… 38
　　2.2.2 曲面立体的三视图…………………………… 43
　　2.2.3 截切立体的三视图…………………………… 50
　　2.2.4 基本体的尺寸注法…………………………… 59

2.3 利用成图软件进行基本体的建模与投影 ··················· 60
　　2.3.1 建模的基本命令 ································ 60
　　2.3.2 基本体的建模与投影 ··························· 62
　　2.3.3 截切体的建模与投影 ··························· 64

第 3 章　组合体的三视图　　　　　　　　　　　　　　67

3.1 相贯线 ··· 67
　　3.1.1 求作相贯线的方法 ······························ 68
　　3.1.2 相贯线的特殊情况及简化画法 ·················· 71
3.2 组合体的组合形式及表面关系 ······················· 72
　　3.2.1 组合体的组合形式 ······························ 72
　　3.2.2 组合体上相邻表面之间的连接关系 ············· 73
3.3 组合体三视图的画法 ································· 75
　　3.3.1 形体分析法 ···································· 75
　　3.3.2 线面分析法 ···································· 76
　　3.3.3 三视图的画法 ·································· 76
3.4 组合体视图上的尺寸标注 ···························· 78
　　3.4.1 常见基本形体的尺寸标注 ······················ 78
　　3.4.2 组合体的尺寸标注 ······························ 80
　　3.4.3 尺寸标注注意事项 ······························ 82
3.5 读组合体三视图 ······································ 83
　　3.5.1 读图的基本方法 ································ 83
　　3.5.2 读图的基本步骤 ································ 86
3.6 组合体的正等轴测图 ································· 89
　　3.6.1 轴测图的基本知识 ······························ 89
　　3.6.2 正等轴测图的画法 ······························ 90
3.7 组合体的建模 ··· 95

第 4 章　图样画法　　　　　　　　　　　　　　　　103

4.1 视图 ·· 104
　　4.1.1 基本视图 ······································· 104
　　4.1.2 向视图 ·· 104
　　4.1.3 局部视图 ······································· 104
　　4.1.4 斜视图 ·· 105
4.2 剖视图 ··· 106
4.3 断面图 ··· 113

  4.3.1 断面图的概念 ············· 113
  4.3.2 断面的种类 ············· 113
 4.4 局部放大图、简化画法及其他规定画法 ······ 115
  4.4.1 局部放大图 ············· 115
  4.4.2 简化画法及其他规定画法 ······ 115
 4.5 计算机辅助生成二维工程图 ············ 119
  4.5.1 工程图环境 ············· 119
  4.5.2 各种视图的生成 ············ 120

第5章 标准件和常用件　123

 5.1 螺纹 ························ 124
 5.2 常用螺纹紧固件 ················· 128
 5.3 键和销 ······················ 132
  5.3.1 键 ················· 132
  5.3.2 销 ················· 135
 5.4 滚动轴承 ····················· 135
  5.4.1 滚动轴承的种类 ············ 135
  5.4.2 滚动轴承的代号 ············ 136
  5.4.3 滚动轴承的画法 ············ 136
 5.5 齿轮 ······················· 137
 5.6 弹簧 ······················· 140
  5.6.1 圆柱螺旋压缩弹簧各部分的名称及尺寸关系 ··· 141
  5.6.2 圆柱螺旋弹簧的规定画法 ········ 141
 5.7 齿轮及标准件三维造型设计 ············ 142

第6章 零件图　147

 6.1 零件图的基本知识 ················ 147
 6.2 零件图的视图选择 ················ 148
  6.2.1 零件图的视图选择方法 ········· 148
  6.2.2 典型零件的视图选择 ·········· 149
 6.3 零件尺寸的合理标注 ··············· 151
 6.4 零件常见的工艺结构 ··············· 153
  6.4.1 铸造零件的工艺结构 ·········· 153
  6.4.2 机加工常见工艺结构 ·········· 154
 6.5 零件的技术要求 ················· 156
  6.5.1 表面结构 ·············· 156

    6.5.2 极限与配合 ···159
    6.5.3 形状和位置公差 ···165
  6.6 读零件图 ··166
  6.7 三维零件建模与工程图生成 ·······································168
    6.7.1 盘盖类零件三维建模与工程图生成 ·······················168
    6.7.2 箱体类零件三维建模与工程图生成 ·······················171

第 7 章 装配图   176

  7.1 装配图的内容 ··177
    7.1.1 装配图的构成 ··178
    7.1.2 零件图与装配图的区别 ····································179
  7.2 装配图的图样画法 ··179
    7.2.1 装配图的规定画法 ···179
    7.2.2 装配图的特殊画法 ···181
    7.2.3 装配图的简化画法 ···182
  7.3 装配图的尺寸标注和技术要求 ···································182
    7.3.1 尺寸标注 ··182
    7.3.2 技术要求 ··183
  7.4 装配图的零件序号及明细栏、标题栏 ···························184
    7.4.1 零件序号编排要求 ···184
    7.4.2 标题栏和明细栏 ··185
  7.5 绘制装配图 ···185
    7.5.1 确定装配图表达方案 ······································186
    7.5.2 装配体常见的装置和结构 ·································186
    7.5.3 画装配图的步骤和方法 ····································189
    7.5.4 装配图绘制举例 ··189
  7.6 读装配图 ··193
    7.6.1 读装配图的方法和步骤 ····································193
    7.6.2 读装配图举例 ··194
  7.7 由装配图拆画零件图 ··196
    7.7.1 从装配图中分离零件 ······································196
    7.7.2 绘制零件图 ···197
  7.8 计算机辅助机械装置装配设计与拆装 ···························198
    7.8.1 虎钳零件三维设计 ···199
    7.8.2 虎钳装配设计 ··206
    7.8.3 虎钳装配工程图生成 ······································207
    7.8.4 虎钳拆装动画生成 ···208

- 附录一 　210
- 附录二 　214
- 附录三 　224
- 附录四 　229
- 附录五 　233
- 参考文献 　240

第 1 章 制图的基本知识

思维导图

学习目标

1. 知道工程制图的国家标准；
2. 理解源自自然现象的投影法；
3. 学习平行正投影中点、线、面的表达；
4. 通过案例学习绘制三维建模中的二维草图。

1.1 工程制图的国家标准

工程图样是表示物体的结构形状、尺寸大小、工作原理，表达设计意图和制造要求以及交流经验的最基本的技术文件，常被称为工程界的语言。

图样是依照物体的结构形状和尺寸大小按适当比例绘制的。图样中的尺寸用尺寸线、尺寸界线和箭头指明被测量的范围,用数字标明其大小。为了便于生产和交流,对工程图样的画法、尺寸标注等内容必须做出统一的规定,这些统一的规定收编在国家标准管理部门发布的《技术制图》与《机械制图》等一系列国家标准中。

国家标准简称"国标",用代号"GB"表示。例如 GB/T 14690—1993 为技术制图比例的标准,其中 14690 为标准的编号,1993 表示该标准颁布的年号。本章将简要介绍国家标准《技术制图》关于图幅、比例、字体、线型、尺寸注法等的规定。

1.1.1 图纸幅面和格式(GB/T 14689—2008)

(1)图纸幅面

图纸幅面是指由图纸宽度与长度组成的幅面。在绘图时,应优先采用表 1-1 中规定的基本幅面,图纸幅面代号有 A0、A1、A2、A3、A4 五种。

表 1-1 图纸幅面　　　　　　　　　　　　　　　　　　mm

幅面代号	A0	A1	A2	A3	A4
$B×L$	841×1189	594×841	420×594	297×420	210×297
e	20		10		
c	10			5	
a	25				

(2)图框格式

图框是图纸上限定绘图范围的线框,用粗实线绘制。其格式分为不留装订边和留装订边两种,同一产品的图样只能采用同一种图框格式。

不留装订边的图框格式如图 1-1 所示,留装订边的图框格式如图 1-2 所示,尺寸按表 1-1 的规定。

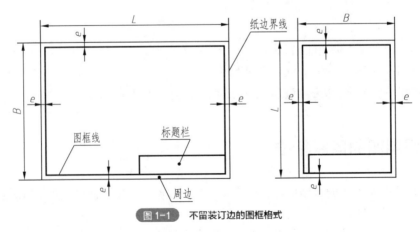

图 1-1　不留装订边的图框格式

第 1 章 制图的基本知识

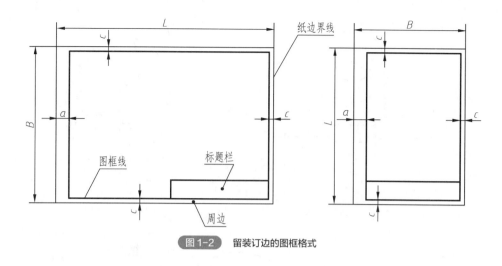

图1-2　留装订边的图框格式

1.1.2　标题栏（GB/T 10609.1—2008）

每种图纸上都必须画有标题栏。标题栏的格式和尺寸在 GB/T 10609.1—2008 中做出了规定。图纸上用来说明图样内容的标题栏，其位置应按图 1-1、图 1-2 所示方式放置，标题栏的方向应与看图的方向一致。学校制图作业所用的标题栏建议采用图 1-3 所示的格式。

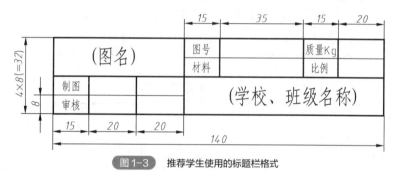

图1-3　推荐学生使用的标题栏格式

1.1.3　比例（GB/T 14690—1993）

图样比例是指图样中图形与其实物相应要素的线性尺寸之比。

图样比例分原值比例、放大比例、缩小比例三种。绘制图样时，应尽量采用 1∶1 的比例画图，以便能从图样上得到实物大小的真实概念。当机件不宜用 1∶1 的比例画图时，可根据机件的大小与结构的不同，选用缩小或放大比例绘制。一般应采用表 1-2 中规定的比例。但无论采用哪种比例绘图，图形上所标注的尺寸数值必须是机件的实际大小，如图 1-4 所示。

表1-2　常用的比例

种类	比例
原值比例	1∶1
放大比例	5∶1　2∶1 $5\times10^n\colon1$　$2\times10^n\colon1$　$1\times10^n\colon1$
缩小比例	1∶2　1∶5　1∶10 $1\colon2\times10^n$　$1\colon5\times10^n$　$1\colon1\times10^n$

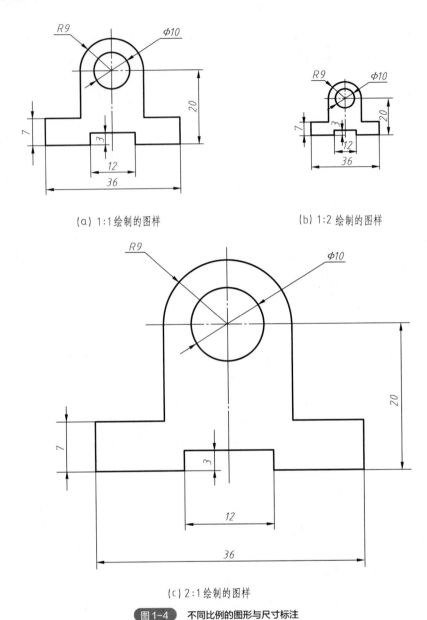

图 1-4　不同比例的图形与尺寸标注

图样上各个视图应采用相同的比例,并在标题栏的比例栏中填写。当该图中某个视图需要采用不同的比例时,可另行标注。

1.1.4　字体(GB/T 14691—1993)

图样上的字体包括汉字、字母和数字三种。书写字体必须做到:字体工整、笔画清楚、间隔均匀、排列整齐。

字体的高度称为字体的号数。字体高度(用 h 表示)的公称尺寸系列为 1.8mm,2.5mm,3.5mm,5mm,7mm,10mm,14mm,20mm 8 种。若需要书写大于 20 号的字,其字体高度应按 $\sqrt{2}$ 的比率递增。

（1）汉字

汉字应写成长仿宋体字，并采用我国国务院正式公布推行的《汉字简化方案》中规定的简化字。汉字的高度 h 不应小于 3.5mm，字宽一般为 $h/\sqrt{2}$，如图 1-5 所示。

长仿宋体的基本笔画有点、横、竖、撇、捺、挑、钩、折等，书写要领是：横平竖直，注意起落，结构匀称，填满方格。

10号字

字体工整 笔画清楚 间隔均匀 排列整齐

7号字

横平竖直注意起落结构均匀填满方格

5号字

技术制图机械电子汽车航空船舶土木建筑矿山井坑港口纺织服装

3.5号字

螺纹齿轮端子接线飞行指导驾驶舱位挖填施工引水通风闸阀坝棉麻化纤

图1-5　长仿宋体汉字书写示例

（2）数字和字母

数字和字母可书写成斜体和直体两种。斜体字字头向右倾斜，与水平基准线成 75°。在同一张图纸上只能采用同一种字体。数字和字母的字高 h 应不小于 2.5mm。

工程上常用的数字有阿拉伯数字和罗马数字，其书写示例如图 1-6 所示。字母有拉丁字母和希腊字母，拉丁字母书写示例如图 1-7 所示。

(a) 斜体阿拉伯数字

(b) 直体阿拉伯数字

(c) 斜体罗马数字

图1-6　数字书写示例

(a) 大写斜体拉丁字母

(b) 小写斜体拉丁字母

图 1-7　字母书写示例

1.1.5　图线（GB/T 4457.4—2002）

机械图样中常用线型名称、型式、图线宽度、应用场合见表 1-3，主要应用见图 1-8。

表 1-3　常用线型及应用

图线名称	型式	应用
粗实线	————	可见棱边线、可见轮廓线、相贯线、螺纹牙顶线、螺纹长度终止线、齿顶圆（线）、剖切符号用线
细实线	————	过渡线、尺寸线、尺寸界线、指引线和基准线、剖面线、重合断面的轮廓线、短中心线、螺纹牙底线、表示平面的对角线、范围线及分界线、重复要素表示线、锥形结构的基面位置线、辅助线、不连续同一表面连线、成规律分布的相同要素连线
波浪线	～	断裂处边界线、视图与剖视图的分界线
细双折线	—⌇—⌇—	断裂处边界线、视图与剖视图的分界线
细虚线	- - - - - -	不可见棱边线、不可见轮廓线

续表

图线名称	图线名称	应用
粗虚线	------	允许表面处理的表示线
细点画线	——·——·——	轴线、对称中心线、分度圆（线）、孔系分布的中心线、剖切线
粗点画线	——·——·——	限定范围表示线
细双点画线	——··——··——	相邻辅助零件的轮廓线、可动零件的极限位置的轮廓线、中心线、成形前轮廓线、剖切面前的结构轮廓线、轨迹线

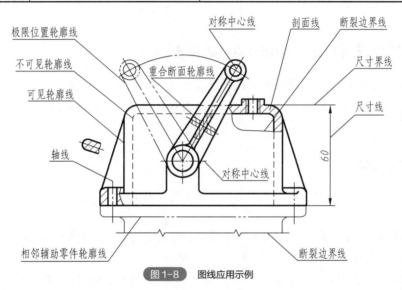

图1-8　图线应用示例

在机械图样中采用粗细两种线宽，它们之间的比例为2∶1，即粗线线宽为d，细线线宽约为$d/2$。图线的宽度d应按图样的类型和尺寸大小在下列数值中选择：0.13mm，0.18mm，0.25mm，0.35mm，0.5mm，0.7mm，1mm，1.4mm，2mm。粗线线宽宜在0.5~1mm，建议同学们在学习中选用0.5mm和0.25mm、0.7mm和0.35mm、1mm和0.5mm的粗细线宽。

图线画法示例如图1-9所示，绘图时通常应遵守以下几点：

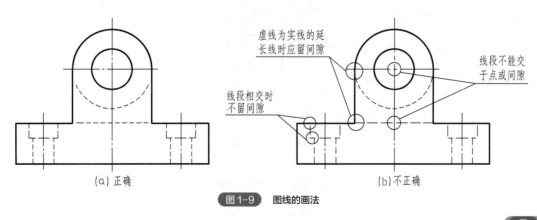

图1-9　图线的画法

① 同一图样中，同类图线的宽度应基本一致。虚线、点画线及双点画线的线段长度和间隔应各自大致相等。

② 两种或多种图线相交时，都应相交于线段处，而不应该相交于点或间隔。当虚线是粗实线的延长线时，在分界处应留空隙。

③ 圆的中心线、孔的轴线、对称中心线等用细点画线绘制，且细点画线的两端应超出轮廓线 12d，为 2~5mm。当图形较小时，可用细实线代替细点画线。

④ 当两种或多种图线重合时，只需绘制其中的一种，其优先顺序为：可见轮廓线（粗实线）→不可见轮廓线（虚线）→尺寸线→多种用途的细实线→轴线或对称中心线（点画线）→假想线（双点画线）。

⑤ 两条平行线（包括剖面线）之间的距离不应小于粗实线的两倍宽度，其最小距离不得小于 0.7mm。

1.1.6 尺寸注法（GB/T 4458.4—2003）

机件的结构形状由图样中的图形（视图）表达，而其大小则由所标注的尺寸确定。下面介绍国家标准《机械制图 尺寸注法》中的一些基本规定。有些内容将在后面的有关章节中继续介绍。

（1）基本规定

① 机件的真实大小应该以图样上所注的尺寸数值为依据，与图形的大小及绘图的准确度无关。

② 图样中的尺寸，以毫米（mm）为单位时，不需标注计量单位的代号或名称。如采用其他单位，则应注明相应的单位代号或名称。

③ 机件的每一尺寸，一般只标注一次，并应标注在反映该结构最清晰的图形上。

④ 图样中所标注的尺寸，为该图样所示机件的最后完工尺寸，否则应另加说明。

（2）尺寸要素

图样上所标注的每个尺寸实际上是一个成组使用的要素组，包含尺寸数字、尺寸界线、尺寸线与终端三个构成要素，如图 1-10 所示。

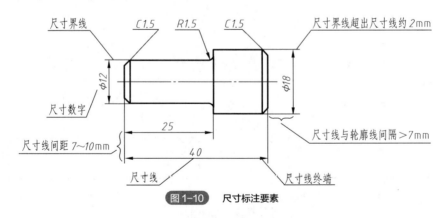

图 1-10　尺寸标注要素

① 尺寸界线。尺寸界线表明所注尺寸的起止范围，用细实线绘制，并应由图形的轮廓线、轴线或对称中心线处引出，也可以借用图形的轮廓线、轴线或对称中心线，并超出尺寸线终端2~3mm。

尺寸界线一般应与尺寸线垂直，必要时允许倾斜。在光滑过渡处标注尺寸时，必须用细实线将轮廓线延长，从它们的交点处引出尺寸界线，如图1-11所示。

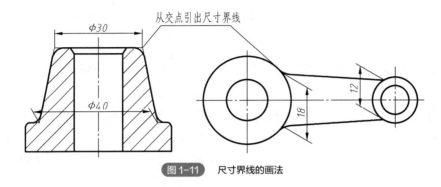

图1-11 尺寸界线的画法

② 尺寸线与终端。尺寸线用细实线绘制，必须单独画出，不能用其他任何图线代替，一般也不得与其他图线（如图形轮廓线、中心线等）重合或画在其延长线上，如图1-12（b）所示。标注线性尺寸时，尺寸线必须与所标注的线段平行，相同方向的各尺寸线之间的距离要均匀，间隔应控制在 5~7mm，如图 1-12（a）所示。相互平行的尺寸，应使较小的尺寸靠近图形，较大的尺寸依次向外分布，避免尺寸线与尺寸界线相交，如图1-12（b）所示。

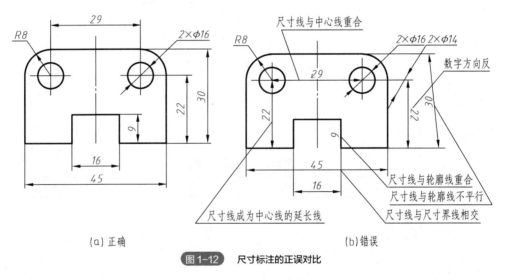

图1-12 尺寸标注的正误对比

连续标注尺寸应对齐在一条线上。尺寸线也应避免与剖面线平行，尤其标注直径、半径的尺寸线，不能与其纵横中心线重合。如图 1-13（a）所示，尺寸 12 未与 15 对齐，尺寸 30、10 的尺寸线靠轮廓线过近。尺寸 12 与尺寸 8 的尺寸界线相交，应该调整。如图 1-13（b）所示，φ36 尺寸线与水平中心线重合是错误的，也应避免与剖面线平行。

尺寸线终端形式在机械图样中一般用箭头。箭头与尺寸界线接触，画在尺寸线与尺寸界线的相交处，但不能超出，如图1-14所示。箭头适用于各种类型的图样。尺寸线终端形式虽然允许采用斜线，但在机械图样中很少使用。

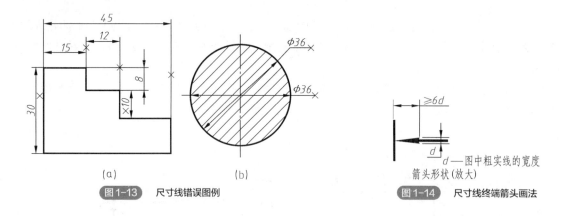

(a)　　　　　　　　(b)

图1-13　尺寸线错误图例　　　　图1-14　尺寸线终端箭头画法

③ 尺寸数字。尺寸数字在图样中指示大小、精度等，其重要性非常突出，应按国家标准的要求认真书写，尤其要防止尺寸数字误写、图线与尺寸数字不要交叠或潦草不清，以免造成误读。尺寸数字不可被任何图线所通过，当不可避免时，必须将图线断开，如图1-15所示。

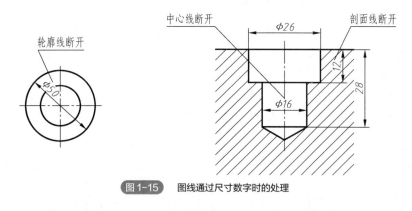

图1-15　图线通过尺寸数字时的处理

（3）标注示例

表1-4列出了国标规定的尺寸标注的示例。

表1-4　尺寸标注示例

内容	图例	说明
线性尺寸的数字方向	(a)　　　　　　　(b)	线性尺寸数字的方向应按图(a)所示的方向注写，并尽可能避免在图示30°范围内标注尺寸，当无法避免时，可按图(b)所示的形式标注

续表

内容	图例	说明
直径尺寸注法	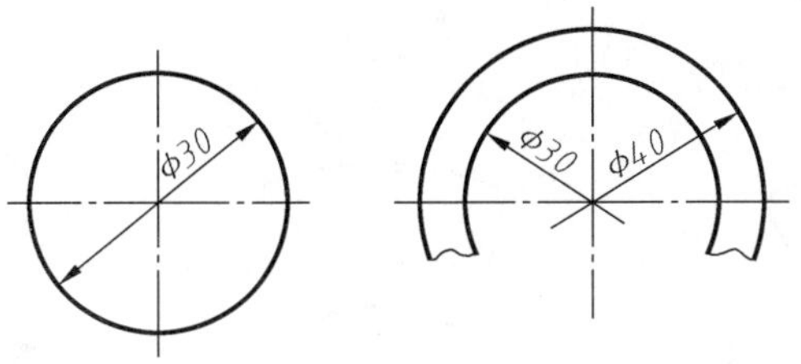	圆或大于半圆的圆弧，应标注直径，在数字前加注符号"ϕ"，尺寸线应通过圆心。圆弧不完整时可省略一侧箭头
半径尺寸注法	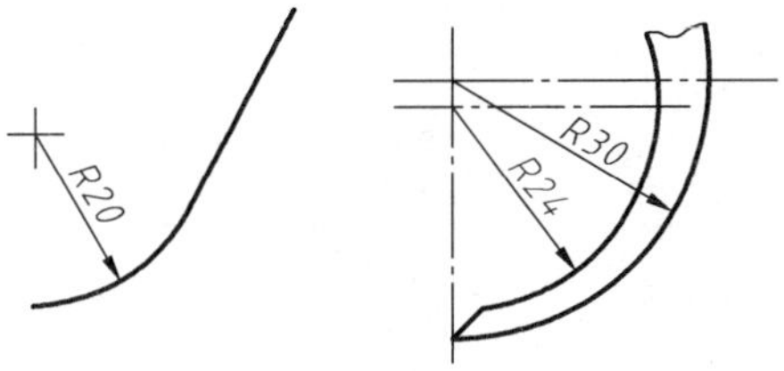 (a) 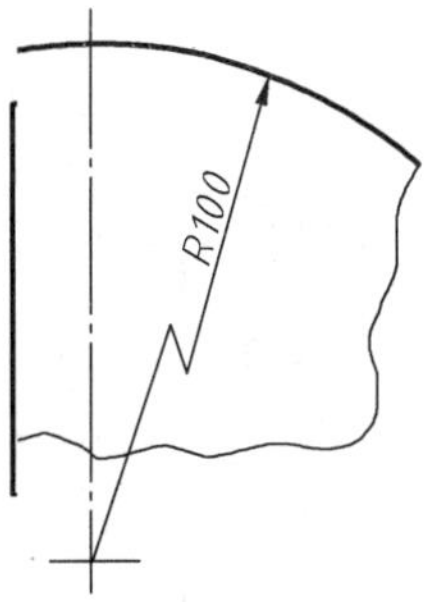 (b) 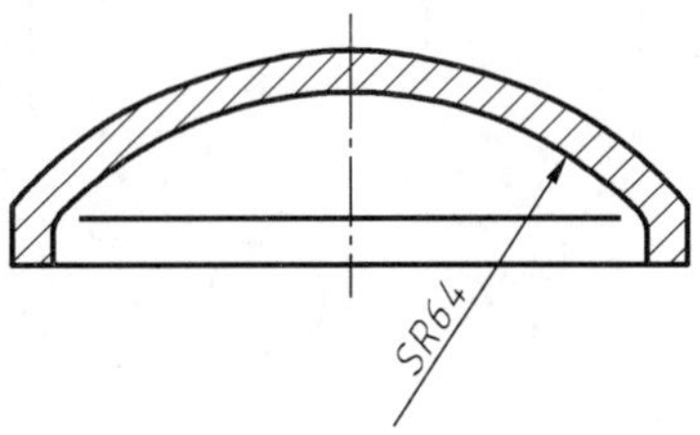 (c)	小于半圆的圆弧一般标注半径，并在尺寸数字前加注符号"R"，半径尺寸只能注在投影为圆弧的图形上，且尺寸线自圆心引出，如图（a）所示。当圆弧半径过大或在图纸范围内无法标注其圆心位置时，可按图（b）所示的形式标注。若无须标注圆心位置，可按图（c）所示的形式标注
球面的尺寸注法	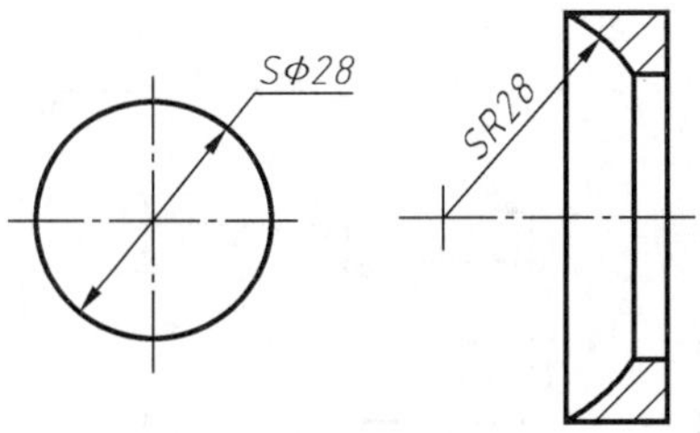	标注球面的直径或半径时，应在符号"ϕ"或"R"前加注符号"S"
角度尺寸的注法	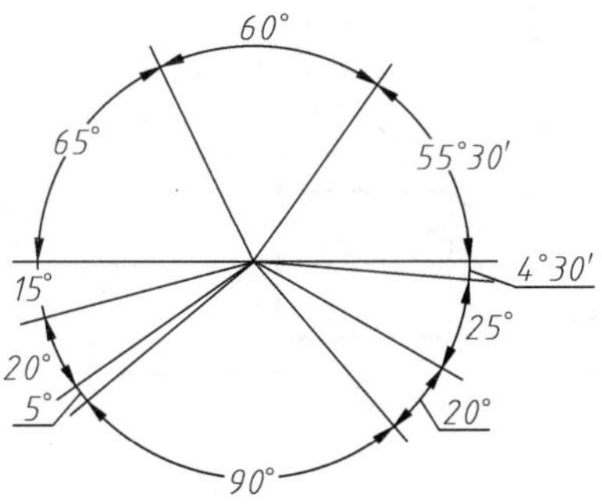	标注角度尺寸时，尺寸界线应沿径向引出，尺寸线是以该角顶点为圆心的一段圆弧。角度的尺寸数字一律水平书写，一般注写在尺寸线中断处，必要时也可引出标注或写在尺寸线的旁边

续表

内容	图例	说明
弧长及弦长尺寸的注法	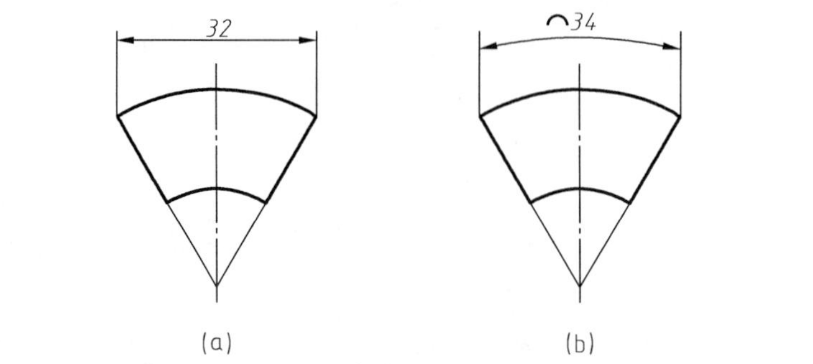	弧长及弦长的尺寸界线应平行于该弦的垂直平分线,弦长的尺寸线用直线,如图(a)所示。弧长的尺寸线用圆弧,并应在尺寸数字左方加注符号"⌒",如图(b)所示
小尺寸的注法	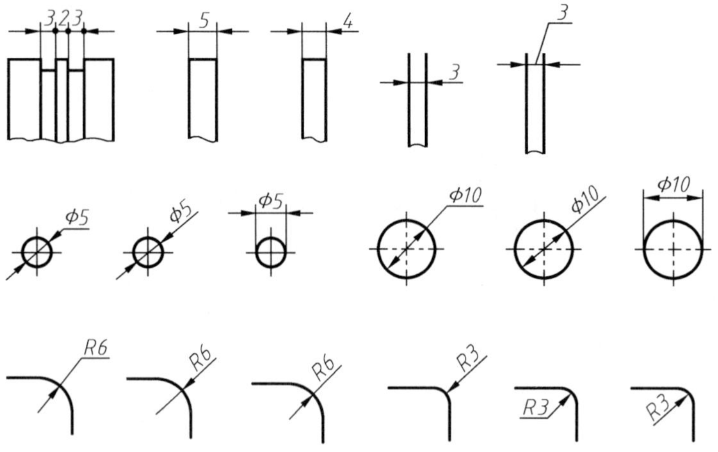	当没有足够的位置画箭头或注写数字时,允许将箭头画在尺寸线外边,或用小圆点代替两个箭头;尺寸数字也可采用旁注或引出标注
倒角的注法	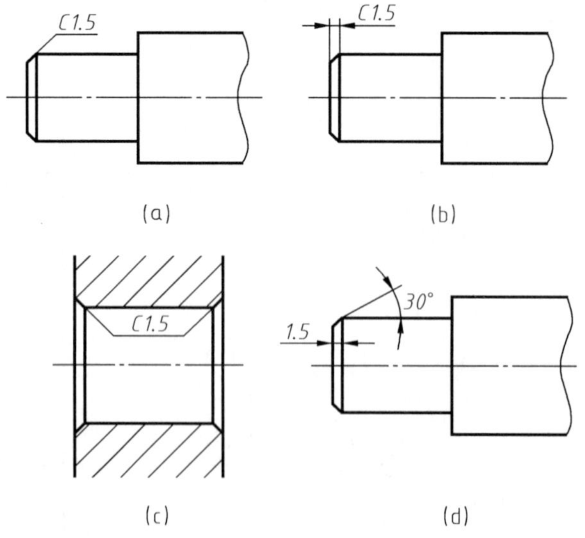	零件上的45°倒角,按图(a)、(b)、(c)注出。其中 C 代表45°倒角,C 后的数字代表倒角的高度。非45°倒角则需要分别注出,如图(d)所示

续表

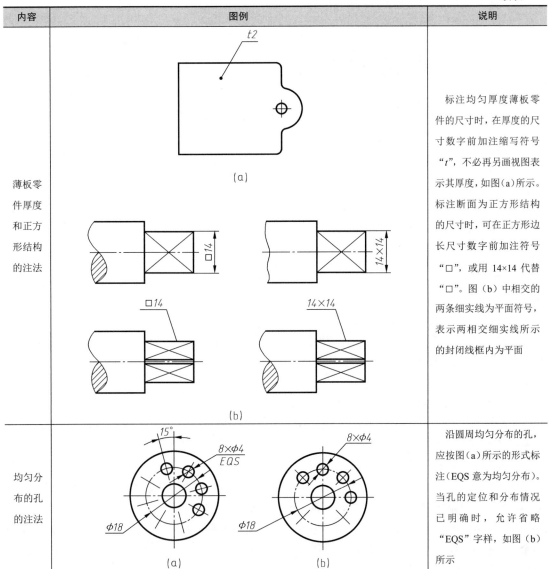

内容	图例	说明
薄板零件厚度和正方形结构的注法	(a) (b)	标注均匀厚度薄板零件的尺寸时,在厚度的尺寸数字前加注缩写符号"t",不必再另画视图表示其厚度,如图(a)所示。标注断面为正方形结构的尺寸时,可在正方形边长尺寸数字前加注符号"□",或用 14×14 代替"□"。图(b)中相交的两条细实线为平面符号,表示两相交细实线所示的封闭线框内为平面
均匀分布的孔的注法	(a) (b)	沿圆周均匀分布的孔,应按图(a)所示的形式标注(EQS 意为均匀分布)。当孔的定位和分布情况已明确时,允许省略"EQS"字样,如图(b)所示

(4) 平面图形的尺寸分析

尺寸按其在平面图形中所起的作用,可分为定形尺寸和定位尺寸两类。要想确定平面图形中线段的上下、左右相对位置,必须首先引入尺寸基准的概念。

① 尺寸基准。确定平面图形尺寸位置的几何元素(点、直线)称为尺寸基准。平面图形中有水平和垂直两个方向的尺寸基准。通常选择图形的对称线、回转体的轴线、圆的中心线、较长轮廓线作为尺寸基准。如图 1-16 中长度方向尺寸基准是左端面,高度方向尺寸基准是图形的对称中心线。

② 定形尺寸。确定平面图形中几何元素大小的尺寸。例如,直线的长度、圆的直径等。如图 1-16 中的尺寸 $\phi40$、$R30$、$\phi10$、$R24$、$R100$、$R20$ 等。

③ 定位尺寸。确定平面图形中几何元素之间相对位置的尺寸。例如,圆心的位置、直线的

位置。如图 1-16 中的尺寸 16、150。

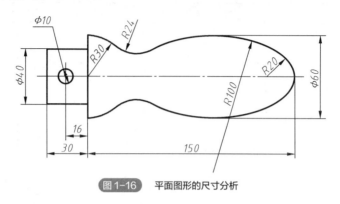

图 1-16　平面图形的尺寸分析

（5）平面图形的尺寸注法

平面图形尺寸标注的基本要求是：正确、完整、清晰。

正确是指应严格按照国家标准规定注写；完整是指尺寸不多余、不遗漏；清晰是指尺寸的布局要清晰、整齐，便于阅读。

标注尺寸时，应分析图形各部分的构成，确定尺寸基准，先标注定形尺寸，再标注定位尺寸。尺寸标注应符合国家标准的有关规定，尺寸在图上的布局要清晰。尺寸标注完成后应进行检查，看是否有遗漏或重复。

尺寸标注应注意的几个问题：

① 标注作图最方便、直接用以作图的尺寸。如图 1-17（a）所示，应标注 ϕ 和 A 这两个尺寸，尺寸 L 是多余的。若标注尺寸 L 而不标注尺寸 A，尺寸 L 所表示的线段不能直接画出，必须利用 L 被铅垂对称中心线平分的关系通过辅助作图作出，显然作图较烦琐，所以不注 A 改注 L 是不合理的。

② 不标注切线的长度尺寸。如图 1-17（b）中尺寸 M 是公切线段的长度，它是由已知尺寸 ϕ_1 和 ϕ_2 以及两圆心距离 K 确定的，不应标注。

③ 不能注成封闭的尺寸链。图 1-17（c）中的尺寸 S 是由尺寸 B、C、D 确定的，尺寸 S 是多余的，称封闭尺寸。标注封闭尺寸是错误的。

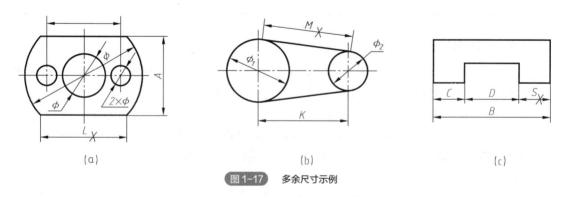

图 1-17　多余尺寸示例

④ 总长、总宽尺寸的处理。一般情况下标注图形的总长、总宽尺寸，如图 1-18 中的尺寸 50、40。当遇到图形的一端为圆或圆弧时，往往不注总体尺寸。如图 1-19 所示，一般不标注图

1-19（a）、（b）、（c）中的总体尺寸，而按图（d）、（e）、（f）进行标注。

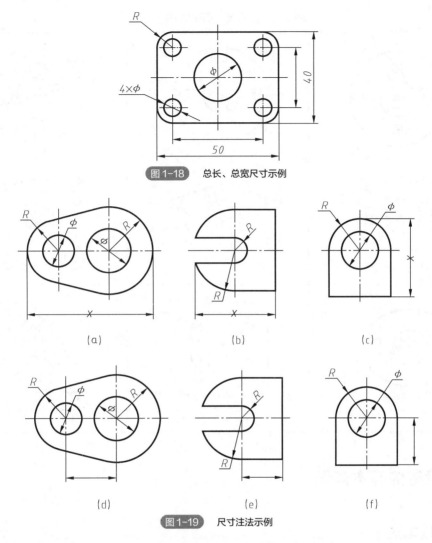

图 1-18　总长、总宽尺寸示例

图 1-19　尺寸注法示例

⑤ 其他注意事项。如图 1-20 所示，圆 ϕ20 及圆弧 ϕ40 应注 ϕ，不能注 R。相同的孔或槽可注数量，如 2× ϕ12，其他相同的结构（如 R10）不注数量。对称结构 R10 应注一边，对称尺寸 60，不能只注一半 30，也不能注总长尺寸 80。

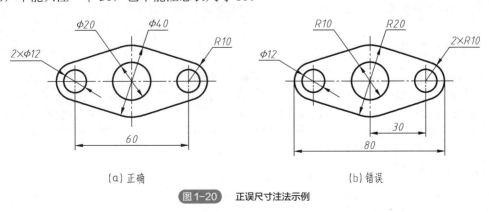

图 1-20　正误尺寸注法示例

常见平面图形的尺寸注法示例见表 1-5。

表 1-5 常见平面图形的尺寸注法

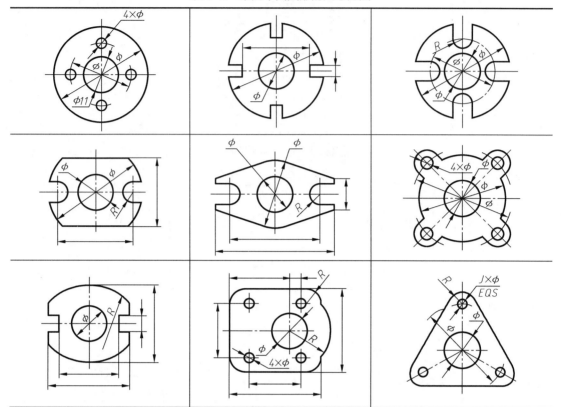

1.2 投影的基本知识

1.2.1 投影法

用灯光照射物体，在地面上会产生影子，称为投影。人们在长期的生产生活中积累了丰富的经验，找出了物体和影子的几何关系，经过科学的抽象，逐步形成了投影法。投影法是在平面上表示空间形体的基本方法，可分为两类：中心投影法和平行投影法。

（1）中心投影法

人站在路灯下，就会在地面产生影子，随着人距离路灯由远而近，人影会由长变短。由投射中心 S 作出了 $\triangle ABC$ 在投影面 P 上的投影。投影线 SA、SB、SC 分别与投影面 P 交于点 a、b、c，直线 ab、bc、ca 分别是直线 AB、BC、CA 的投影，$\triangle abc$ 就是 $\triangle ABC$ 的投影，如图 1-21 所示。这种投射线都从投射中心出发的投影法，称为中心投影法，所得的投影称为中心投影。

（2）平行投影法

如果光源在无限远处（例如日光的照射），这时所有的投影线互相平行，这种投影方法称为平行投影法。

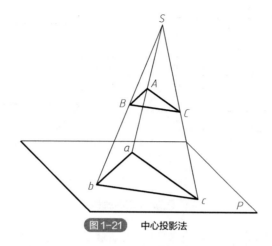

图1-21　中心投影法

根据投射线与投影面 P 是否垂直，平行投影法可分为两种：斜投影法和正投影法。如图1-22（a）所示，斜投影法是投射线倾斜于投影面的平行投影法，所得投影称为斜投影；如图1-22（b）所示，正投影法是投射线垂直于投影面的平行投影法，所得投影称为正投影。工程图样主要使用正投影法。

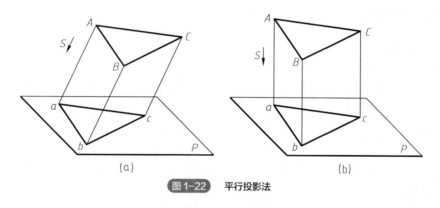

图1-22　平行投影法

1.2.2　三面投影体系

由三个互相垂直的平面构成的投影面体系称为三投影面体系。正立放置的投影面称为正立投影面，简称正面，用 V 表示；水平放置的投影面称为水平投影面，简称水平面，用 H 表示；侧立放置的投影面称为侧立投影面，简称侧面，用 W 表示。投影面两两相交产生的交线 OX、OY、OZ 称为投影轴。三个投影面将空间分成八个角，如图1-23（a）所示。我国国家标准规定图样采用第一角，按正投影法绘制，如图1-23（b）所示。

1.2.3　点的投影

（1）点在三面投影体系中的投影

在三面投影体系中，设有一空间点 A，自 A 分别作垂直于 H、V、W 面的投射线，得交点

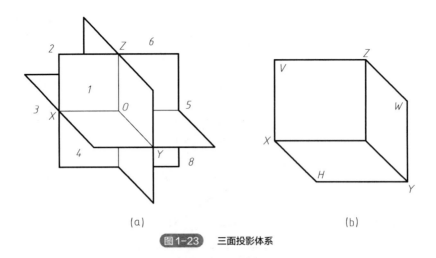

(a)　　　　　　　　　　　　(b)

图 1-23　三面投影体系

a、a'、a″，则 a、a'、a″分别称为点 A 的水平投影、正面投影、侧面投影，如图 1-24（a）所示。

在投影法中规定，凡空间点用大写字母表示，其水平投影用相应的小写字母表示，正面投影和侧面投影分别在相应的小写字母上加"'"和"″"。

为了使点的三面投影画在同一图面上，规定 V 面不动，将 H 面绕 OX 轴向下旋转 90°，将 W 面绕 OZ 轴向右旋转 90°，使 H、V、W 三个投影面共面。画图时一般不画出投影面的边界线，也不标出投影面的名称，则得到点的三面投影图，如图 1-24 所示。

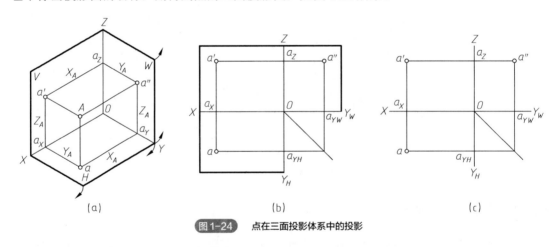

(a)　　　　　　　　　(b)　　　　　　　　　(c)

图 1-24　点在三面投影体系中的投影

通过对图 1-24 中点的三面投影分析，可以概括出点的三面投影特性。

① 投影连线垂直于投影轴。点的正面投影 a'与水平投影 a 的连线垂直于投影轴 OX。点的正面投影 a'与侧面投影 a″的连线垂直于投影轴 OZ。

② 点的投影到各投影轴的距离等于空间点到相应投影面的距离。

根据上述点的投影特性，在点的三面投影中，只要知道其中任意两个面的投影就可求出第三面的投影。

（2）两点的相对位置

两点的相对位置是指空间两点的上下、左右、前后位置关系。两点的投影沿 OX、OY、OZ 三个方向的坐标差，即为这两个点对投影面 W、V、H 的距离差。因此，两点的相对位置可以通过这两点在同一投影面上的投影之间的相对位置来判断。X 坐标大的点在左，Y 坐标大的点在前，Z 坐标大的点在上。如图 1-25 所示，点 A 在点 B 的上、右、后方。

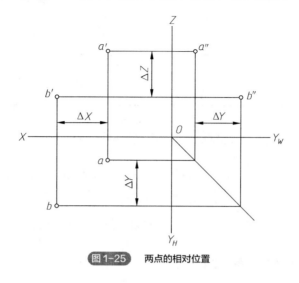

图 1-25　两点的相对位置

（3）重影点

当空间两点位于某一投影面的同一条投射线上，则这两点在该投影面上的投影就会重合于一点，此两点称为对该投影面的重影点。如图 1-26（a）所示，A、B 两点的正面投影重合为一点，则称 A、B 两点为对 V 面的重影点。

由于空间点的相对位置，重影点在某个投影面的重合投影存在一个可见性问题。沿投射方向进行观察，看到者为可见，被遮挡者为不可见。为了表示点的可见性，可在不可见点的投影上加括号，如图 1-26（b）所示。

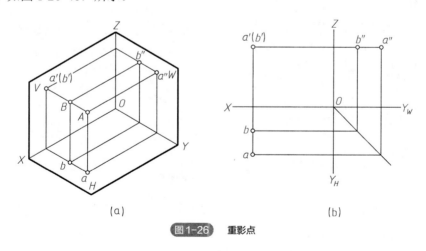

图 1-26　重影点

1.2.4　直线的投影

一般情况下，直线的投影仍为直线，直线的投影可由直线上任意两点的投影来确定。如图 1-27 所示，直线对于一个投影面的投影，可能有三种情况。

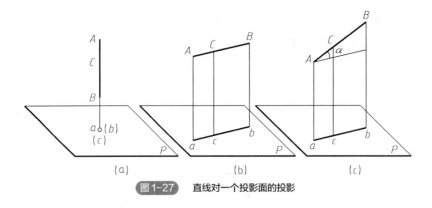

图1-27 直线对一个投影面的投影

直线 AB 与投影面的夹角称为直线对投影面的倾角，直线对 H 面的倾角为 α，直线对 V 面的倾角为 β，直线对 W 面的倾角为 γ。AB 垂直于投影面 P，投影积聚为一点，α=90°；AB 平行于投影面 P，投影为实长，ab=AB，α=0°；AB 倾斜于投影面 P，投影缩短，ab=ABcosα。

（1）直线在三面投影体系中的投影

在三投影面体系中，根据空间直线与三个投影面的相对位置，可将直线分为一般位置直线和特殊位置直线，其中特殊位置直线又分为投影面平行线和投影面垂直线。

① 一般位置直线。倾斜于三个投影面的直线，称为一般位置直线，如图1-28所示。

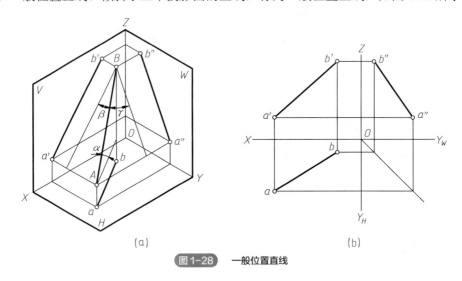

图1-28 一般位置直线

一般位置直线的投影特性如下：

a. 三个投影都倾斜于投影轴；

b. 三个投影的长度都小于直线实长；

c. 投影与投影轴的夹角，不反映空间直线与投影面的真实夹角。

② 投影面平行线。平行于一个投影面与另外两个投影面倾斜的直线，称为投影面平行线。投影面平行线又可分为三种，如表1-6所示。

表 1-6 投影面的平行线

名称		轴测图	投影图
投影面平行线	水平线		
	投影特性： ① 水平投影 ab 反映实长，ab=AB； ② AB 与 H 面的夹角 α=0°，ab 与 OX 轴夹角反映 AB 与 V 面夹角 β，ab 与 OY_H 轴夹角反映 AB 与 W 面夹角 γ； ③ a'b' // OX，a"b" // OY_W，长度缩短		
	正平线		
	投影特性： ① 正面投影 a'b' 反映实长，a'b'=AB； ② AB 与 V 面的夹角 β=0，a'b' 与 OX、OZ 轴夹角反映 AB 与 H 面、W 面夹角 α 和 γ； ③ ab // OX，a"b" // OZ，长度缩短		
	侧平线		
	投影特性： ① 侧面投影 a"b" 反映实长，a"b"=AB； ② AB 与 W 面的夹角 γ=0，a'b' 与 OY_W、OZ 轴夹角反映 AB 与 H 面、V 面夹角 α 和 β； ③ ab // OY_H，a'b' // OZ，长度缩短		

投影面平行线的投影特性是：

a. 在其所平行的投影面上的投影反映实长，且该投影与投影轴的夹角分别反映空间直线与另外两个投影面的夹角。

b. 在另外两个投影面上的投影分别平行于相应的投影轴，长度缩短。

③ 投影面垂直线。垂直于一个投影面的直线，称为投影面垂直线。由于三个投影面是互相垂直的，所以直线与一个投影面垂直，必定与另两个投影面平行。投影面垂直线又可分为三种，如表1-7所示。

表1-7 投影面的垂直线

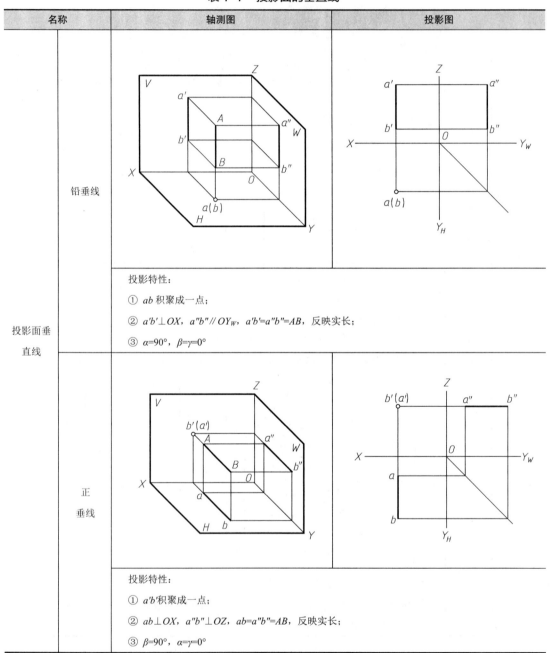

名称		轴测图	投影图
投影面垂直线	侧垂线		

投影特性：
① $a''b''$ 积聚成一点；
② $ab⊥OY_H$，$a'b'⊥OZ$，$ab=a'b'=AB$，反映实长；
③ $γ=90°$，$α=β=0°$

投影面垂直线的投影特性是：
a. 直线在其所垂直的投影面上的投影积聚为一点；
b. 另外两个投影分别垂直于相应的投影轴，且反映实长。

（2）直线上的点

当点位于直线上时，根据平行投影的性质，该点具有两个性质：
① 若点在直线上，则点的投影必在直线的同名投影上，反之亦然；
② 若点在直线上，则点分线段之比在其各投影保持不变，反之亦然。即
$ac：cb=a'c'：c'b'=a''c''：c''b''=AC：CB$

［例1-1］ 如图1-29所示，已知点 C 和直线 AB 的两投影，判断点 C 是否在直线 AB 上。

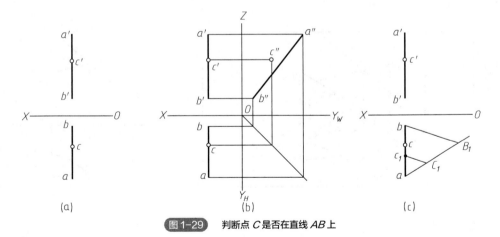

图1-29　判断点 C 是否在直线 AB 上

此题有两种解法。

解法一：作出直线 AB 和点 C 的侧面投影，如图1-29（b）所示。点 C 的侧面投影 c'' 不在直线 AB 的侧面投影 $a''b''$ 上，由直线上点的投影特性判断，点 C 不在直线 AB 上。

解法二：如图1-29（c）所示，先过 a 点任意作一条射线，再作 $aB_1=a'b'$，在 aB_1 上定出 C_1

点,使 $ac_1=a'c'$,连接 bB_1,过 C_1 作 bB_1 的平行线交 ab 于 c_1。由于 c_1 不与 c 重合,根据直线上点的投影特性判断,点 C 不在直线 AB 上。

(3) 两直线的相对位置

两直线在空间的相对位置有三种:平行、相交、交叉(或异面)。其说明见表1-8。

表1-8 两直线的相对位置

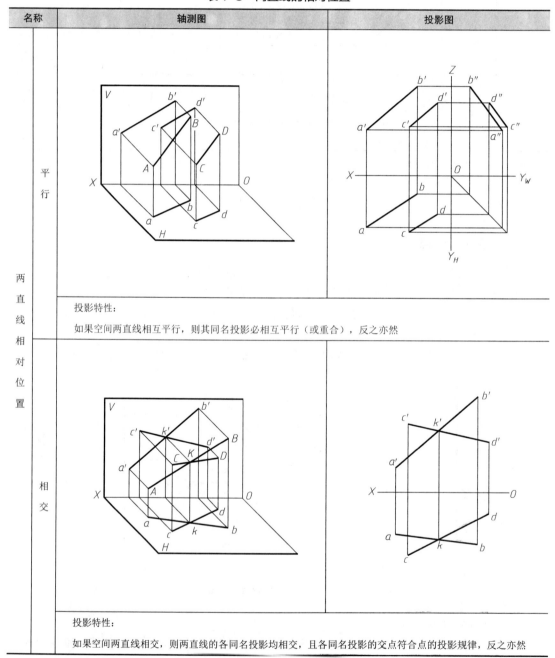

名称	轴测图	投影图
两直线相对位置 平行		
	投影特性: 如果空间两直线相互平行,则其同名投影必相互平行(或重合),反之亦然	
相交		
	投影特性: 如果空间两直线相交,则两直线的各同名投影均相交,且各同名投影的交点符合点的投影规律,反之亦然	

续表

名称		轴测图	投影图
两直线相对位置	交叉		

投影特性：
① 在空间既不平行也不相交的两直线称为交叉（或异面）直线；
② 交叉两直线的同名投影可能相交，但投影交点不符合点的投影规律。如上图水平投影的交点，实际上是空间 Ⅰ、Ⅱ 两个点对 H 面的重影点，其中 Ⅰ 点在 CD 上，Ⅱ 点在 AB 上；正面投影的交点是空间 Ⅲ、Ⅳ 两个点对 V 面的重影点，Ⅲ 点在 AB 上，Ⅳ 点在 CD 上

1.2.5 平面的投影

平面与投影面的相对位置不同，其投影具有不同的性质，如图 1-30 所示。当平面△ABC 平行于投影面 P 时，投影反映实形；当平面△DEF 垂直于投影面 P 时，投影积聚为直线；当平面△SMN 倾斜于投影面 P 时，投影具有类似形（边数相等的类似多边形）。

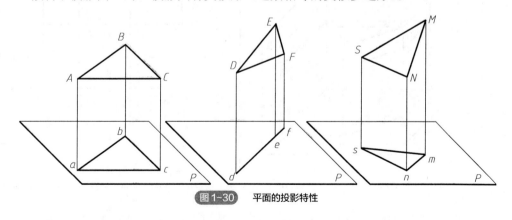

图 1-30　平面的投影特性

（1）平面在三面投影体系中的投影

根据平面与投影面的相对位置不同，平面可分为三类：一般位置平面、投影面平行面、投影面垂直面。

1) 一般位置平面

倾斜于三个投影面的平面称为一般位置平面。它在三个投影面上的投影既不反映实形，也没有积聚性，均为原平面图形的类似形。三个投影都不能直接反映该平面对投影面的真实倾角。

如图 1-31 所示，空间△ABC 的三个投影仍然是三角形，但面积缩小。

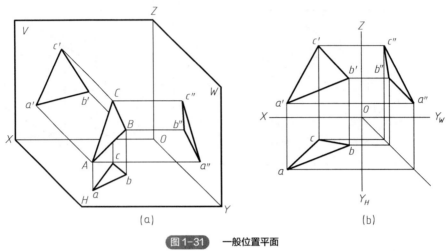

图 1-31　一般位置平面

2) 投影面垂直面

垂直于一个投影面，与另外两个投影面倾斜的平面称为投影面垂直面。投影面垂直面有三种类型，如表 1-9 所示。

表 1-9　投影面垂直面

名称		轴测图	投影图
投影面垂直面	铅垂面		
投影特性： ① 水平投影积聚成直线，$\alpha=90°$；水平投影与 OX、OY 轴夹角反映空间平面对 V、W 面的夹角 β、γ； ② 正面投影、侧面投影均为类似形			

续表

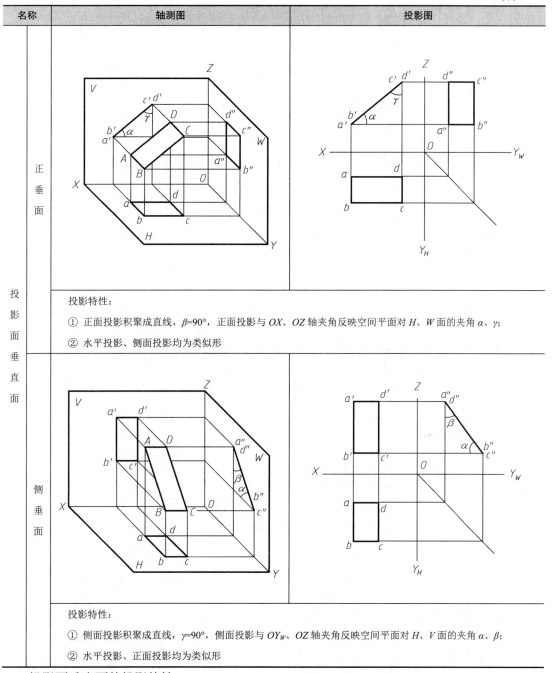

投影面垂直面的投影特性：

① 在其所垂直的投影面上的投影，积聚为一条与投影轴倾斜的直线，它与投影轴的夹角分别反映该平面与另两个投影面的倾角。

② 在另两个投影面上的投影均不反映实形，是原平面图形的类似形。

3）投影面平行面

平行于一个投影面，而与另外两个投影面垂直的平面称为投影面平行面。投影面平行面有三种类型，如表1-10所示。

表 1-10 投影面平行面

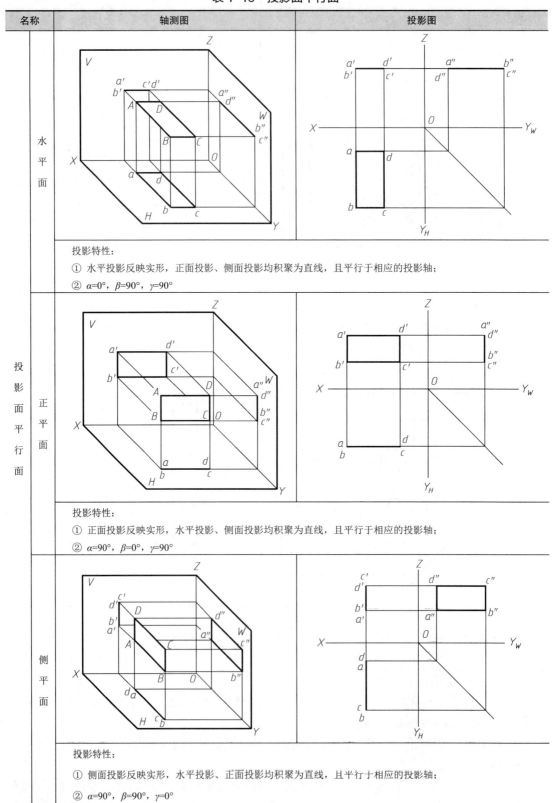

名称		投影特性
投影面平行面	水平面	① 水平投影反映实形，正面投影、侧面投影均积聚为直线，且平行于相应的投影轴； ② $\alpha=0°$，$\beta=90°$，$\gamma=90°$
	正平面	① 正面投影反映实形，水平投影、侧面投影均积聚为直线，且平行于相应的投影轴； ② $\alpha=90°$，$\beta=0°$，$\gamma=90°$
	侧平面	① 侧面投影反映实形，水平投影、正面投影均积聚为直线，且平行于相应的投影轴； ② $\alpha=90°$，$\beta=90°$，$\gamma=0°$

投影面平行面的投影特性：
① 在其所平行的投影面上的投影反映实形；
② 在另两个投影面上的投影均积聚成直线，且平行于相应的投影轴。

（2）平面上的点和直线

点属于平面的几何条件是：如果一点位于平面内的一已知直线上，则此点必在平面上。

直线属于平面的几何条件是：直线要经过平面上已知两点；或经过平面上一已知点，且平行于该平面上的另一已知直线，则此直线必定在该平面上。

如图 1-32 所示，K 点位于平面内的直线 AD 上，故 K 点在平面 ABC 上。A 点和 E 点均为平面上的点，故直线 AE 在平面 ABC 上。

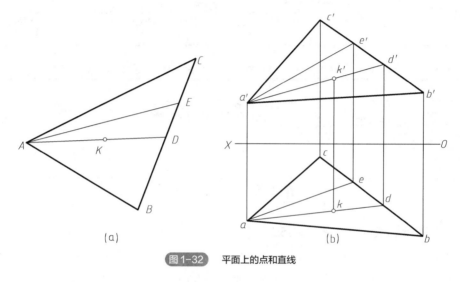

图 1-32　平面上的点和直线

［例 1-2］ 如图 1-33（a）所示，已知平面图形 ABCDE 的正面投影和 AB、AE 的水平投影，补全其水平投影。

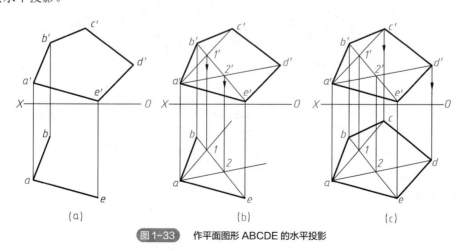

图 1-33　作平面图形 ABCDE 的水平投影

分析：由于相交两直线 AB、AE 确定一个平面，并且 AB、AE 的 V、H 投影已知，故补全平面图形 ABCDE 的水平投影问题属于平面上取点问题。

作图步骤如图 1-33（b）、（c）所示：
① 连接 $b'e'$ 及 be，连接 $a'c'$ 交 $b'e'$ 于 $1'$，I 点应属于平面 $ABCDE$；
② I 点属于 BE，由 $1'$ 求出水平投影 1，连 $a1$ 并延长；
③ C 点在 AI 上，由 c' 求出水平投影 c；
④ 同理可求出 d，连接并加深 $abcde$。

1.2.6　三维建模中二维草图绘制

三维建模中，二维草图绘制工具条如图 1-34 所示。

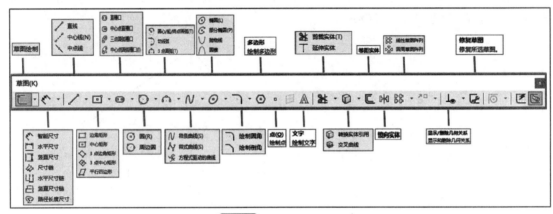

图 1-34　草图绘制工具条

（1）草图绘制案例 1（图 1-35）

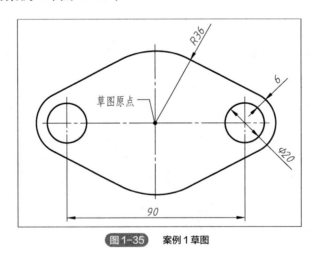

图 1-35　案例 1 草图

绘制步骤如下：
① 绘制定位中心线。
单击"前视基准面"—"草图绘制"，绘制草图并标注尺寸；

② 绘制与圆相切直线。选择"添加几何关系" ，选择直线和相应圆弧相切

；

③ 单击"剪裁" ，剪裁所有多余线条，完成草图绘制，如图 1-36 所示。

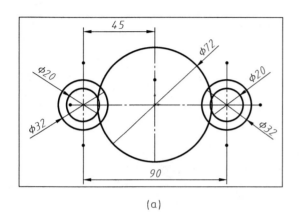

(a)

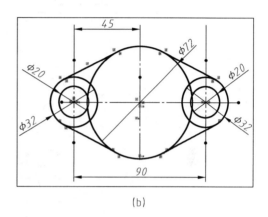

(b)

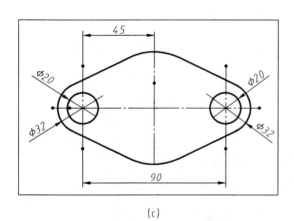

(c)

图 1-36　案例 1 草图绘制的完成过程

（2）草图绘制案例 2（图 1-37）

绘制步骤如下：

① 完成草图定位与圆弧绘制。绘制定位中心线，单击"前视基准面"—"草图绘制"，绘制草图并标注尺寸。绘制圆，选择"添加几何关系"，选择圆弧和圆弧相切，如图 1-38 所示。

② 完成 1/2 椭圆弧绘制。

a. 单击"剪裁"，剪裁多余线条，测量得到两弧中间尺寸为 200，运用椭圆绘制长轴为 200，短半轴为 36 的 1/2 椭圆；

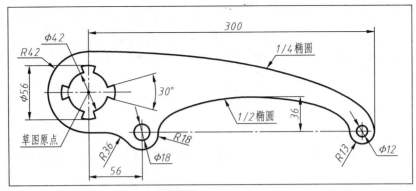

图 1-37　案例 2 草图

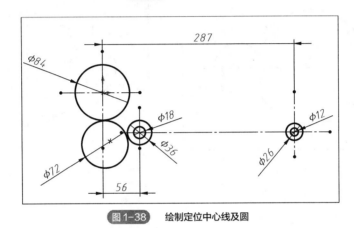

图 1-38　绘制定位中心线及圆

b. 选择"添加几何关系",选择椭圆长轴两端点与相应点重合,如图 1-39 所示。

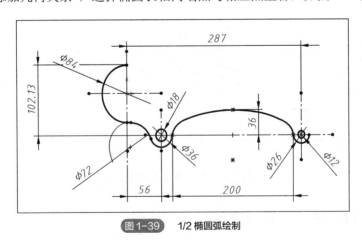

图 1-39　1/2 椭圆弧绘制

③ 完成 1/4 椭圆弧绘制。

a. 运用椭圆绘制长半轴为 300,短半轴为 102.13 的 1/4 椭圆;

b. 选择"添加几何关系",选择椭圆上两端点与相应点重合,删除多余尺寸,如图 1-40 所示。

④ 完成阵列圆弧绘制。

a. 绘制 $\phi 42$ 和 $\phi 56$ 两个同心圆,并绘制两条斜线,斜线与竖直中心线夹角为 15°;

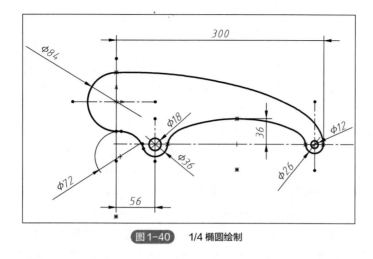

图1-40 1/4椭圆绘制

b. 选择"圆周草图阵列",选择阵列目标,阵列个数为4,完成阵列后,删除多余线条,如图1-41所示。

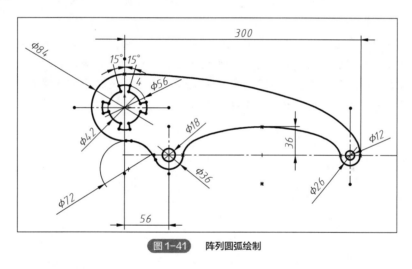

图1-41 阵列圆弧绘制

本章小结

本章介绍了国标中图幅、比例、字体等的规定及表示空间形体的正投影法,点、线、面的投影。学习正投影法的基本特性,掌握实形性、积聚性以及类似性。点、直线、平面作为基本几何元素,是制图的基础,掌握点、直线、平面的投影规律以及它们之间的相对位置关系,为后续绘制工程图样奠定基础。

思考题

1. 解释"GB/T 14691—1993"中字符的含义。
2. 非水平方向上的尺寸,尺寸数字应如何标注?
3. 正投影法的投影特性是什么?
4. 投影面垂直线和投影面平行线是如何定义的?
5. 投影面垂直面和投影面平行面是如何定义的?

拓展阅读

加斯帕尔·蒙日1746年5月10日出生在法国的博纳。14岁时，蒙日在设计一辆消防车中显示出他各方面的特殊才能。他是一个天生的几何学家和工程师，有着使复杂的空间关系形象化的天赋。

16岁时，蒙日因画了一幅出色的博纳地图而得到了物理学教授的任命。后来，蒙日被送到军事学校去学习。在军事学校，他热衷于测量和制图的工作，这为他留下了大量的时间来研究数学，并成功地解决了一个重要的问题。这就是画法几何的开始。蒙日把这个新方法教给未来的军事工程师们。以前像噩梦一样讨厌的问题，现在变得非常简单了。画法几何被当作一个军事秘密达15年之久。直到1794年，他才得到允许，可以在巴黎的师范学校公开讲授这种方法。拉格朗日听了一次演讲后说："在听蒙日的演讲以前，我是不知道画法几何的。"

画法几何（或称作透视几何）是一种用于绘画和描绘三维空间物体的技巧和理论。画法几何的基本原理是通过模拟真实世界中物体在人眼中的视觉效果，将三维物体以二维的形式呈现出来。这种技巧可以帮助画家在绘画中创造出更加真实和逼真的画面效果。空间的立体或其他图形现在由两个投影描画在同一个平面上。例如，一个平面是由它的交线表示的；一个立体，比如说一个立方体，是由它的各条边和顶点的投影表示的。曲面与垂直平面和水平平面相交出曲线；这些曲线，或该曲面的交线，在一个平面上表示该曲面。这样，我们就有了一种画法，它把我们通常在三维空间中看到的东西画在一张铺平的纸上。正是这个简单的发明革新了军事工程学和机械设计。它最明显的特点是简单明了。

第 2 章 基本体的三视图

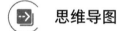
思维导图

学习目标

1. 掌握平面立体与曲面立体的三视图;
2. 学会基本体的建模方法;
3. 学会利用成图技术生成基本体的三视图体。

生产实际中的零件是复杂多样的,但都可以看作是由基本几何体组成的。因此掌握基本几何体的投影特性及其表面交线的性质和画法,是看图和绘图的基础。

2.1 三视图的形成及规律

国家标准规定,用正投影法绘制的物体的图形称为视图,并且规定,物体可见的轮廓线用粗实线表示，不可见的轮廓线用虚线表示。当可见部分与不可见部分的投影重合时，即粗实线与虚线重合时，只画粗实线。

物体在一个投影面上的投影（即一个视图）不能唯一确定其空间形状，因此在机械制图中常用三视图表示物体。

（1）三视图的形成

设立三个相互垂直的投影面构成三投影面体系，如图 2-1（a）所示。水平投影面，简称水平面或 H 面；正立投影面，简称正面或 V 面；侧立投影面，简称侧面或 W 面。三个投影面 H、V、W 两两相互垂直相交得到的交线称为投影轴，分别称为 OX 轴、OY 轴和 OZ 轴，三个投影轴共交于一点称为原点 O。其中：

OX 轴（简称 X 轴），代表物体的长度方向；

OY 轴（简称 Y 轴），代表物体的宽度方向；

OZ 轴（简称 Z 轴），代表物体的高度方向。

将物体置于三投影面体系中，分别向三个投影面进行投射，就得到了三视图，如图 2-1（b）所示。

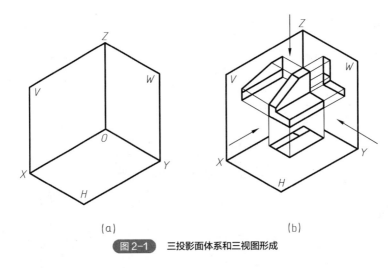

图 2-1　三投影面体系和三视图形成

将物体由前向后投射，在 V 面上得到的投影称为主视图。
将物体由上向下投射，在 H 面上得到的投影称为俯视图。
将物体由左向右投射，在 W 面上得到的投影称为左视图。
主视图、俯视图和左视图，总称为三视图。

（2）投影面的展开

为将空间的三个视图画在同一图面上，规定 V 面保持不动，将 H 面绕 OX 轴向下旋转 90°，W 面绕 OZ 轴向右旋转 90°，如图 2-2（a）所示。此时 OY 轴被分为两处，分别用 OY_H（在 H 面上）和 OY_W（在 W 面上）表示，这样就得到如图 2-2（b）所示的三视图。由于投影面是可以无限延伸的，投影面的大小并不影响物体大小的表达，为了使于画图和看图，故在三视图中不画投影面的边框线，视图之间的距离可根据具体情况确定，如图 2-2（c）所示。由此可见三视图位置配置为：以主视图为准，俯视图在主视图的正下方，左视图在主视图的正右方。按照这种位置配置视图时，国家标准规定一律不注视图的名称。

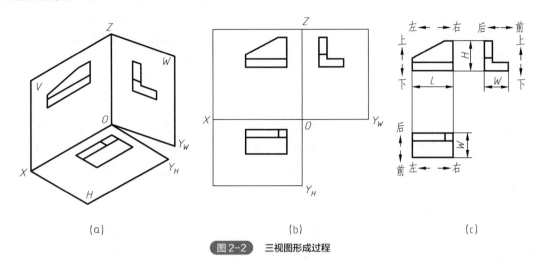

图 2-2　三视图形成过程

（3）三视图投影规律

由图 2-2（c）可以看出：主视图表现物体长、高两个方向的尺寸，上下及左右位置关系；俯视图表现物体长、宽两个方向的尺寸，前后及左右位置关系；左视图表现物体宽、高两个方向的尺寸，上下及前后位置关系。

主视图与俯视图各对应部分的长度相等；俯视图与左视图各对应部分的宽度相等；主视图与左视图各对应部分的高度相等。因此三个视图之间的关系存在如下规律，简称"三等"规律：

主、俯视图长对正，简称"长对正"；

主、左视图高平齐，简称"高平齐"；

俯、左视图宽相等，简称"宽相等"。

三视图的投影规律非常重要，它贯穿于工程制图的始终，是画图和读图最基本的准则。在画图和看图时一定要注意运用三视图的投影规律，特别是俯视图与左视图各对应部分的宽度相等以及前后的位置关系，将三个视图联系起来看，就能全面反映出物体的空间形状。

2.2　基本体的三视图及尺寸注法

柱、锥、台、球等几何体是组成机件的基本形体，简称基本体。最常见的基本体有平面立体和曲面立体两类，如图 2-3 所示。

(a) 平面基本体　　　　　　　(b) 曲面基本体

图 2-3　常见的基本体

2.2.1 平面立体的三视图

表面全部由平面多边形围成的立体，称为平面立体，如棱柱、棱锥等。平面立体各表面的交线称为棱线，棱线间的交点称为顶点。画平面立体的投影就是画组成其各平面的投影，也就是画各条棱线和各个顶点的投影。

（1）棱柱

棱柱是由一个平面多边形沿着某一不与其平行的直线拉伸一段距离 L 而形成的，如图 2-4 所示。原平面多边形和与其平行的面称为底面，其余各面称为侧棱面，两相邻的侧棱面的交线称为侧棱线，侧棱线互相平行。侧棱线与底面垂直的叫直棱柱，侧棱线与底面倾斜的叫斜棱柱。底面为正多边形的直棱柱称为正棱柱。

1）棱柱的三视图

以正六棱柱为例，当六棱柱与投影面处于图 2-5 所示的位置时，六棱柱的两底面与 H 面平行，在 H 面上反映实形——正六边形；前后两侧棱面与 V 面平行，在 V 面上反映实形——矩形；六个侧棱面均与 H 面垂直，在 H 面上积聚成与正六边形的边相重合的直线。

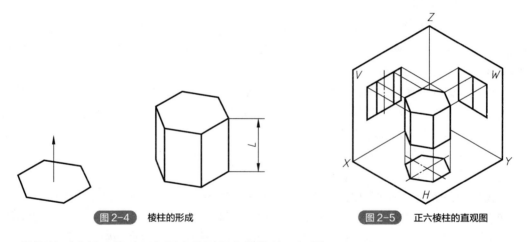

图 2-4　棱柱的形成　　　　图 2-5　正六棱柱的直观图

根据前面分析，按以下作图步骤画正六棱柱的三视图：
① 画中心轴线和基准线，画具有积聚性的俯视图，如图 2-6（a）所示；
② 根据六棱柱的高，按长对正的投影关系，画出主视图，如图 2-6（b）所示；
③ 根据长对正、高平齐、宽相等的投影关系，画出左视图。
在具体作图时可采用如下两种方法来求解左视图。

a. 方法一：量取距离法

正六棱柱前面两个棱线和后面两个棱线到中心轴线的距离（即宽度）均为 Y，它们分别位于中心轴线的前面和后面。根据宽相等的投影关系，在求解左视图时直接相对于中心轴线的左、右方向量取 Y，即可求得四条棱线的投影。正六棱柱左右两条棱线在左视图中的投影与中心轴线重合。最后按高平齐投影规律画出左视图，如图 2-6（c）所示。

b. 方法二：添加辅助线法

分别延长俯视图中水平方向中心轴线和左视图中心轴线，二者交于点 p；过 p 作与二中心轴线呈45°的辅助线,则正六棱柱上其他各点的投影均可根据此辅助线求出,如图2-6(d)、(e)所示;最后检查并加深,如图2-6(f)所示。

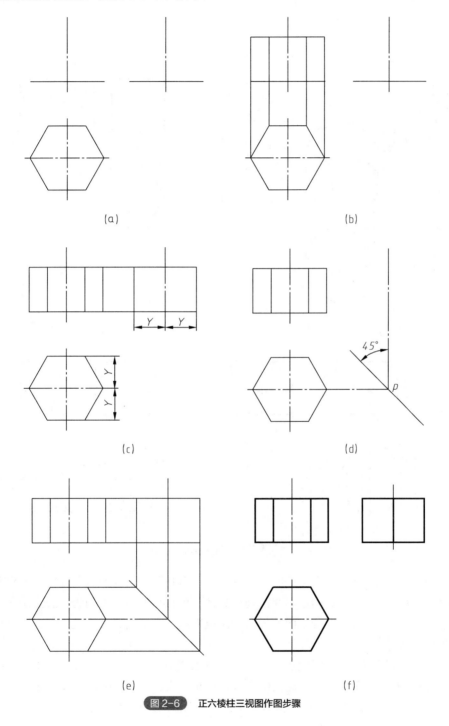

图2-6　正六棱柱三视图作图步骤

2)棱柱面上取点

点是构成一切形体的最基本元素,它存在于形体的任一表面或棱线上。习惯上用大写的英文字母表示空间点,用相应的小写字母表示它们在投影面中的投影。如空间点 A,它在 H、V、

W 面上的投影分别用 a、a'、a'' 表示。

如图 2-7（b）所示，已知正六棱柱表面上点 A、B 的正面投影 a' 和 b'，求其另两面投影。

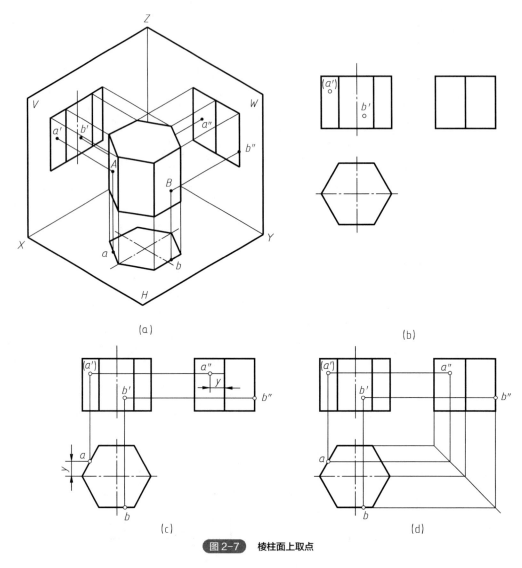

图 2-7　棱柱面上取点

空间分析：先分析点位于六棱柱的哪个表面上，再利用六棱柱的六个侧棱面在水平投影面上投影的积聚性，直接求出点的投影并判别可见性。可见性的判断规则为：若点所在的平面的投影可见，点的投影也可见；若平面的投影积聚成直线，点的投影按可见处理。不可见的点的投影加括号。

点 A 的正面投影不可见，因此点 A 位于六棱柱的左后棱面上，左后棱面的水平投影有积聚性，先求点 A 的水平投影，再求侧面投影。点 B 的正面投影可见，因此点 B 位于六棱柱的前棱面上，前棱面的水平投影和侧面投影都有积聚性，可直接求出点 B 的投影，如图 2-7（a）所示。

作图：

① 求点 A 的投影。按照长对正投影规律，过 a' 向 H 面作垂线交左后棱面水平投影上，得到 a，可见；过 a' 向 W 面作垂线，按照俯左宽相等量取得到 a''，如图 2-7（c）所示。或者按照

已知 a' 和 a，作出 A 的侧面投影 a''，如图 2-7（d）所示，可见。

② 求点 B 的投影。过 b' 向 H 面作垂线交前棱面水平投影于 b，可见；过 b' 向 W 面作垂线交前棱面侧面投影上，得到 b''，可见，如图 2-7（d）所示。

（2）棱锥

棱锥是由一个平面多边形沿着某一不与其平行的直线，各边按相同线性比例拉伸（称为"线性变截面拉伸"）而形成的，如图 2-8 所示。原平面多边形称为底面，其余各面称为侧棱面，两相邻的侧棱面的交线称为侧棱线，各侧棱线交于有限远的一点，称为锥顶。锥顶和底面多边形的重心相连的直线，称为棱锥的轴线。轴线垂直于底面的棱锥称为直棱锥，轴线不垂直于底面的棱锥称为斜棱锥。直棱锥的底面为正多边形时，称为正棱锥。

图 2-8　三棱锥的形成

1）棱锥的三视图

图 2-9 是一个正三棱锥，它由一个底面和三个侧面围成，当其处于图 2-9 所示位置时，底面 ABC 平行于 H 面，在 H 面上反映实形；后棱面 SAC 垂直于 W 面，在 W 面上积聚成一直线，在另两个投影面投影为相似形；前两个棱面 SAB 和 SBC 在三个投影面上的投影均为相似形。

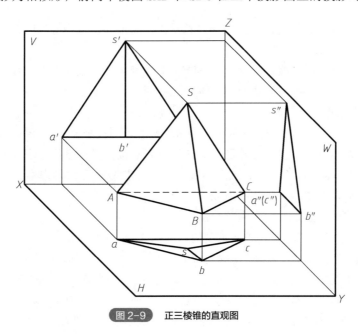

图 2-9　正三棱锥的直观图

根据前面分析，按以下作图步骤画正三棱锥，如图 2-10 所示。

① 画基准线；

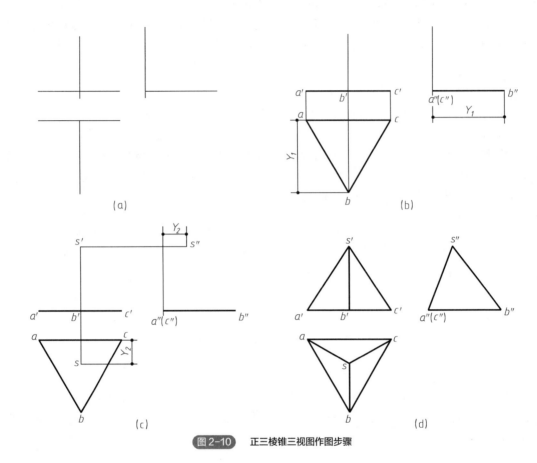

图 2-10 正三棱锥三视图作图步骤

② 画棱锥底面的水平投影 abc，按照"长对正，高平齐，宽相等"的投影关系画出底面的正面投影 a'b'c'和侧面投影 a″b″c″；

③ 根据三棱锥的高，按照"长对正，高平齐，宽相等"的投影关系，画出三棱锥顶点的三个投影 s'、s、s″，依次连接各点画出三棱锥的三视图。

2）棱锥面上取点

如图 2-11（a）所示，已知三棱锥表面上点 M、N 的正面投影 m'、n'，分别求其另两面投影。

空间分析：根据已知投影的位置及可见性，判断点位于三棱锥哪个表面上，再进一步求点的投影。如图 2-11（a）所示，点 M 的正面投影可见，点 M 位于 SAB 棱面上，SAB 是与三个投影面都倾斜的平面，需要做辅助线求点 M 的投影。

作辅助线求点的投影，有两种求解方法：

a. 方法一：过所求点 M 及锥顶作辅助线，如图 2-11（b）所示。

作图步骤是：连接 s'm'并延长，交底边 a'b'于 d'，D 点为 SM 与 AB 的交点，M 点在 SD 上；由 d'向俯视图作垂线交 ab 于 d，连接 sd；由 d'、d 按投影关系求出 d″，并连接 s″d″；由于 M 点位于 SD 上，由 m'向下、向右引垂线分别交 sd、s″d″于 m、m″，则 m、m″即为所求，均可见。

b. 方法二：过所求点 N 作已知边的平行线，如图 2-11（c）所示。

作图步骤是：过 n'作水平线 d'e'平行底边 b'c'，分别交 s'b'、s'c'于 e'、f'，则 DE 平行于 BC，N 点在 EF 上；自 f'向俯视图引垂线交 sc 于 f；过 f 作 bc 的平行线 ef；由 n'向俯视图引垂线交

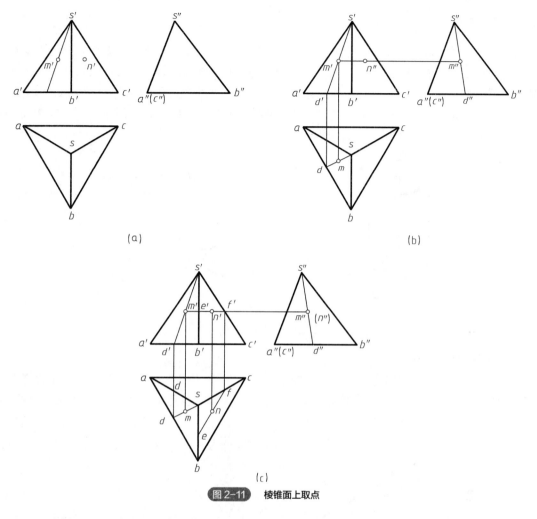

图 2-11　棱锥面上取点

ef 于 n；再由 n'、n 按投影关系求出 n''，n 可见、n'' 不可见。

如果空间有若干点位于某投影面的同一垂直线上，那么这些点在该投影面上的投影重合在一起，将它们称为重影点。比如图 2-11 中 M、N 两个点的侧面投影重合在一起，称 M、N 两点为对 W 面的重影点。因点 M 位于点 N 的左方，故侧面投影 m'' 可见，n'' 不可见，不可见投影要加括号。如果两个点位于垂直于 V 面的同一条投射线上，它们的正面投影重合，前方的点可见。如果两个点位于垂直于 H 面的同一条投射线上，它们的水平投影重合，上方的点可见。

2.2.2　曲面立体的三视图

工程上应用最多的曲面立体是回转体。回转体是由回转面或回转面与平面包围成的立体，如圆柱、圆锥、圆球、圆环等。回转面是由母线（直线或曲线）绕着固定的轴线（直线）旋转一周形成的。母线在回转面上的任意位置称为素线。母线上任意一点绕轴旋转一周，形成回转面上垂直于轴线的纬圆。

画回转体的三面投影图时，首先要用细点画线画出轴线和圆的中心线的投影，然后画出组成立体的回转面的轮廓及平面的投影。由于回转面是光滑曲面，画回转面轮廓的投影图时，仅画曲面上可见面和不可见面的分界线的投影，这种分界线称为转向轮廓素线。

（1）圆柱

圆柱由圆柱面和上、下底面组成。圆柱面可以看成是直线 AA_1 绕与它平行的固定轴线 OO_1 旋转而成的，如图 2-12（a）所示。直线 AA_1 是母线，OO_1 是轴线，母线 AA_1 在圆柱面上任一位置是素线，圆柱面上所有的素线都平行于轴线。圆柱面可以看成是直线的集合。

圆柱面也可以看成是一个圆沿与圆平面垂直的方向移动一段距离 L 而成，如图 2-12（b）所示。因此圆柱面也是直径相等的圆的集合。

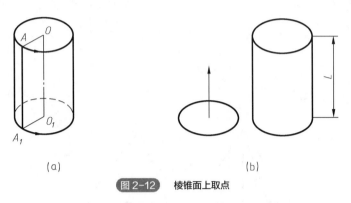

图 2-12　棱锥面上取点

1）圆柱的三视图

当圆柱轴线垂直于水平投影面时，如图 2-13（a）所示，圆柱上、下底面平行于水平投影面。圆柱的俯视图是一个圆，该圆反映圆柱上、下底面的实形，也是圆柱面的积聚投影，圆柱面上任何一点、线的投影都积聚在该圆上。圆柱的主视图为一个矩形，其上、下两水平线为圆柱的上、下底面的积聚性投影，其左、右两条竖线是圆柱面上最左、最右素线（即前、后两半圆柱

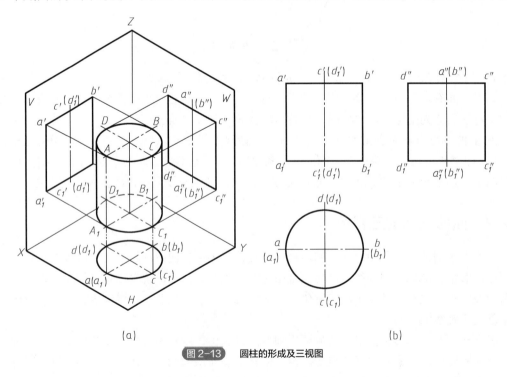

图 2-13　圆柱的形成及三视图

的分界线)的投影,也就是圆柱正面投影的转向轮廓素线的投影。圆柱的左视图也是一个矩形,其上、下两水平线为圆柱的上、下底面的积聚性投影,其前、后两条竖线是圆柱面上最前、最后素线(即左、右两半圆柱的分界线)的投影,也就是圆柱侧面投影的转向轮廓素线的投影。

绘制圆柱三视图的步骤如图 2-13 (b) 所示,用细点画线绘制圆的中心线和轴线的投影,圆柱的水平投影是圆,圆心即为轴线的水平投影,正面投影和侧面投影分别是大小相等的矩形。

可见性判别:由图 2-13 (a) (b) 可见,圆柱面上有 4 条转向轮廓素线,正面投影的转向轮廓素线 AA_1 和 BB_1 将圆柱分为前、后两半,其前半圆柱面的正面投影可见,后半圆柱面的正面投影不可见;侧面投影的转向轮廓素线 CC_1 和 DD_1 将圆柱分为左、右两半,左半圆柱的侧面投影可见,右半圆柱的侧面投影不可见;上底面水平投影可见,下底面水平投影不可见。

转向轮廓素线投影:圆柱正面投影的转向轮廓素线 AA_1 和 BB_1 在主视图中的投影是矩形轮廓线 $a'a_1'$ 和 $b'b_1'$,用粗实线绘出,在左视图中投影与轴线的投影(细点画线)重合,不画出来;圆柱侧面投影的转向轮廓素线 CC_1 和 DD_1 在左视图中投影是矩形轮廓线 $c''c_1''$ 和 $d''d_1''$,用粗实线绘出,在主视图中投影与轴线的投影(细点画线)重合,不画出来;4 条转向轮廓素线在俯视图中投影积聚为圆周上的 4 个点。

2)圆柱面上取点

在圆柱表面上取点与平面立体类似,应根据已知的投影和可见性,判断点在圆柱面上的位置,再求点的其余投影。

如图 2-14 (a) 所示,已知点 M、N、S 属于圆柱表面和各点的某一个投影,求各点的其余投影。

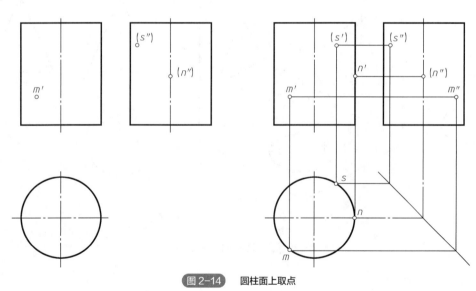

图 2-14　圆柱面上取点

求解步骤:

① 根据已知各点的投影位置及可见性,分析其在圆柱面上的位置。

主视图上 m' 可见,则 M 点在左前半圆柱上;n'' 位于左视图的轴线上并不可见,则 N 点应位于圆柱的最右轮廓线上;左视图上 s'' 不可见,则 S 点在右后半圆柱上。

② 一般位置点的投影求法:可利用圆柱投影的积聚性求解。

由分析可知,M 点和 S 点是处于一般位置的点。根据已知圆柱面在俯视图上积聚为圆,M

点和 S 点的投影 m 和 s 也在该圆上。由 m′ 按长对正求 m，再按宽相等和高平齐求 m″；由 s″ 按宽相等求 s，再对应求 s′。

③ 位于转向轮廓素线上点的投影求法：可利用转向轮廓素线的投影直接求解。

由分析可知，N 点是圆柱最右轮廓素线上的点，则在主视图上可直接找到最右轮廓素线的投影，由 n″ 按高平齐求 n′，再对应求 n。

④ 可见性判断。

由于圆柱面在俯视图上积聚为圆，因此俯视图上 m、n、s 均可见；M 点位于左半圆柱面上，故 m″ 可见；N 点位于圆柱的最右轮廓线上，主视图上 n′ 可见；S 点在后半圆柱上，主视图上 s′ 不可见。

（2）圆锥

圆锥是由圆锥面和底面（底圆）组成的，如图 2-15（a）所示。圆锥面可以看成是直线 SA（母线）绕与它相交的直线 OO_1（轴线）旋转而成，也可以看成是由若干个直径依次变小的圆叠加而成。因此圆锥面是过锥顶 S 直线的集合，也是变径圆的集合。圆锥面上过锥顶 S 的任一直线称为圆锥面的素线。

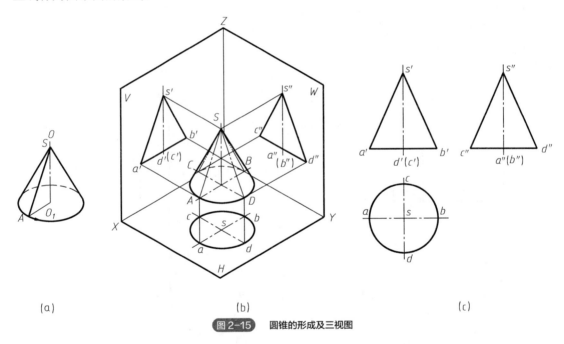

图 2-15　圆锥的形成及三视图

1）圆锥的三视图

图 2-15（b）所示位置的圆锥轴线垂直于水平投影面，圆锥底面平行于水平投影面。圆锥的俯视图是一个圆，是圆锥底面及锥面的投影，反映底面实形；主、左视图均为全等的等腰三角形，三角形的底边是圆锥底面的积聚投影，而两腰分别为圆锥面的转向轮廓素线的投影，圆锥面的三个投影均不具有积聚性。

圆锥的三视图如图 2-15（c）所示，用细点画线绘制圆的中心线和轴线的投影，圆锥的水平投影是圆，圆心即为轴线的水平投影，正面投影和侧面投影是两个全等的等腰三角形。

可见性判别：由图 2-15（b）(c) 可见，圆锥面的水平投影可见，圆锥底面的水平投影不可见；圆锥面上有 4 条转向轮廓素线，正面投影的转向轮廓素线 SA 和 SB 将圆锥分为前、后两半，其前半圆锥面的正面投影可见，后半圆锥面的正面投影不可见；侧面投影的转向轮廓素线 SC 和 SD 将圆锥分为左、右两半，左半圆锥的侧面投影可见，右半圆锥的侧面投影不可见。

转向轮廓素线投影：圆锥正面投影的转向轮廓素线 SA 和 SB 在主视图中投影是等腰三角形的两个腰 $s'a'$ 和 $s'b'$，用粗实线绘出，在左视图中投影与轴线的投影（细点画线）重合，不画出来；圆锥侧面投影的转向轮廓素线 SC 和 SD 在左视图中投影是等腰三角形的两个腰 $s''c''$ 和 $s''d''$，用粗实线绘出，在主视图中投影与轴线的投影（细点画线）重合，不画出来；4 条转向轮廓素线在俯视图中投影与圆的对称中心线（细点画线）重合，不画出来。

2）圆锥表面上取点

如图 2-16（a）所示，已知点 K、M、N 属于圆锥表面和各点的某一个投影，求各点的其余投影。

求解步骤：

① 根据已知投影位置和可见性，分析所求各点的位置。由已知分析可得，K 点位于圆锥的最右轮廓线上；M 点和 N 点位于左前半圆锥面上。

② 位于圆锥轮廓线上点的投影可利用轮廓线的投影直接求解。由于 K 点位于圆锥的最右轮廓线上，因此可在俯视图和左视图上直接找到最右轮廓线投影，根据长对正和高平齐规律直接求出 K 点的其他两个投影 k 和 k''，如图 2-16（b）所示。

③ 位于一般位置点的投影可采用辅助线法求解。在圆锥面上作辅助线的方法有两种。

方法一：辅助素线法

以求解 M 点的投影为例，已知圆锥面上 M 点的正面投影 m'，求作 M 点的其余两投影 m 和 m''。方法是过 M 点及锥顶 S 作一辅助素线 SA，M 点属于 SA。分别求解 SA 的三个投影，再根据点在线上其投影也必在线的投影上的规律，求解 M 点的其他投影，如图 2-16（b）所示。

作图步骤：

a. 根据已知条件，作过锥顶和已知点的一辅助素线 SA 的投影，并求 SA 其余两投影。连接 s' 和 m'，延长 $s'm'$ 与底圆的正面投影交于 a'。按投影规律求得 a 及 a''，连接 s 和 a、s'' 和 a''，求得素线 SA 的另两个投影 sa 和 $s''a''$。

b. 求点的另两个投影。已知点 m' 在 $s'a'$ 上，按点的投影规律在素线 SA 的另两个投影 sa 和 $s''a''$ 上求得点 M 的另两个投影 m 和 m''。

方法二：辅助圆法

以求解 N 点的投影为例，已知圆锥面上 N 点的正面投影 n'，求作 N 点的其余两投影 n 和 n''。方法是过 N 点作一水平辅助圆，N 点属于这个圆。再求解该辅助圆的水平投影，最后按三等规律求其在左视图上的投影。

作图步骤：

a. 过 n' 作垂直于轴线的水平辅助圆的正投影，它与圆锥轴线正投影的交点为辅助圆圆心的正投影，它与最左和最右两条转向轮廓素线的正面投影交点为 $1'$ 和 $2'$，$1'2'$ 间线段长度为辅助圆的直径实长。

b. 作过 N 点水平辅助圆的水平投影。该辅助圆的水平投影反映其实形，其圆心与 s 点重合，直径为 $1'2'$ 的长度。

c. 按点的投影规律求 N 点的其他两投影 n 和 n''，如图 2-16（c）所示。

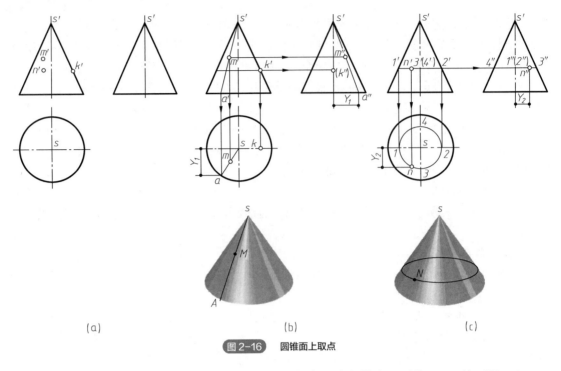

(a)   (b)   (c)

图 2-16   圆锥面上取点

④ 可见性判断。本例中点 M、N 均为圆锥面左半部分上的点,因此 m、n 均可见,m″、n″ 也可见。点 K 位于右半圆锥面上,因此 k 可见,k″ 不可见。

(3) 圆球

以圆为母线,圆的任一直径为轴旋转即形成球面,如图 2-17(b)所示。由于母线圆上的任

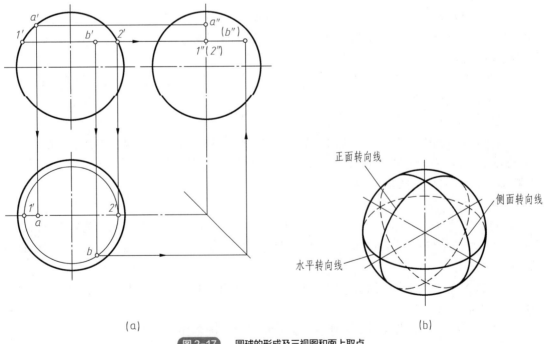

(a)   (b)

图 2-17   圆球的形成及三视图和面上取点

一点在旋转中都形成圆,故球是圆的集合。

1)圆球的三视图

圆球的三视图为 3 个等直径圆,如图 2-17(a)所示,但这 3 个圆不是圆球上一个圆的投影,而是圆球上 3 个方向转向轮廓素线(圆)的投影。

可见性判别:圆球的前半球、上半球、左半球分别在主、俯、左视图中可见;后半球、下半球、右半球分别在主、俯、左视图中不可见。

2)圆球表面上取点

如图 2-17(a)所示,已知球面上点 A、B 的正面投影 a′、b′,求各点的其余投影。

求解步骤:

① 根据已知点的投影位置及可见性,判断点所在位置。由已知投影可得,点 A 位于球面左上半部分的正面轮廓线上;点 B 位于球面右上半部分。

② 轮廓线上点投影的求法。可在其他视图上直接找到轮廓线投影,按投影规律直接求出。如图 2-17(a)所示,由已知 a′可直接求出 a 及 a″。

③ 一般位置点投影的求法。可采用辅助线法求解:由于圆球表面上不能作出直线,而球面是圆的集合,故可利用辅助圆法求解。通过该点在球面上作平行于任一投影面的辅助圆,然后按照投影关系求出圆球表面上点的投影。

作图步骤:

① 过 b′作垂直于轴线的水平辅助圆的正投影,它与圆球垂直方向中心轴线正投影的交点为辅助圆圆心的正投影,它与正面轮廓线的交点为 1′、2′,1′2′间线段长度为辅助圆的直径实长。

② 作过 B 点水平辅助圆的水平投影。该辅助圆的水平投影反映其实形,其圆心与两中心轴线的交点重合,直径为 1′2′的长度。

③ 按点的投影规律求 B 点的其他两投影 b 和 b″,如图 2-17(a)所示。

④ 可见性判断:由于 B 点位于球的右上半部分,因此 b 可见,b″不可见。

(4)圆环

以圆为母线,以圆平面上不与圆相交的直线为轴旋转一周而形成的曲面为圆环面,如图 2-18(a)所示。由圆母线外半圆绕轴旋转而成的回转面称为外环面,由圆母线内半圆绕轴旋转而成的回转面称为内环面,母线上任意点运动的轨迹均为圆周。

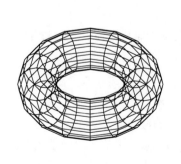
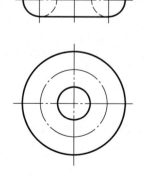

(a)   (b)

图 2-18   圆环的形成及三视图

图 2-18（b）为轴线垂直于水平投影面的圆环的三视图。

俯视图为三个同心圆，是上半个圆环面与下半个圆环面的重合投影，最大圆和最小圆为圆环水平面转向线的水平投影，点画线圆为圆母线圆心运动轨迹的水平投影，也是内外环面水平投影的分界线，圆心则为轴线的积聚投影。

主视图为两个小圆和两圆的上下两水平公切线，是圆环面正面转向线的正面投影，左右两小圆是圆环面上最左、最右两素线圆的投影，实线半圆在外环面上，虚线半圆在内环面上，上下两水平公切线是圆母线上最高点 C 和最低点 D 的运动轨迹的投影，内外环面的分界圆的投影。

左视图也为两个小圆和两圆的上下两水平公切线，是圆环面侧面转向线的侧面投影，前后两小圆是圆环面上最前、最后两素线圆的投影，实线半圆在外环面上，虚线半圆在内环面上，上下两水平公切线是圆母线上最高点和最低点的运动轨迹的投影，内外环面的分界圆的投影。

2.2.3　截切立体的三视图

基本体被平面截切，在其表面上产生的交线称为截交线。用以截切立体的平面称为截平面，如图 2-19 所示。

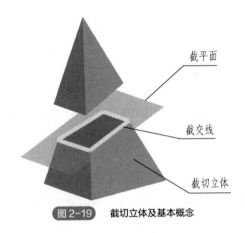

图 2-19　截切立体及基本概念

截交线具有以下性质：

① 封闭性：截交线一般是由直线、曲线或直线和曲线共同围成的封闭的平面多边形。截交线的形状取决于立体的形状和截平面与立体的相对位置。其投影的情况还取决于截平面与投影面的相对位置。

② 共有性：截交线是截平面与立体表面的共有线，线上的点是截平面与立体表面的共有点。因此，求作平面立体截交线投影的实质就是求截平面与立体表面共有点投影的集合。

（1）平面立体截切

由于平面立体的表面都是由平面组成的，所以平面与平面立体的截交线是一个由直线围成的封闭的平面多边形。多边形的顶点为截平面与平面立体各棱线的交点，多边形的边是截平面与平面立体各表面的交线。因此，平面立体截交线的作图，可归结为求立体的棱线或底边与截平面的交点，或截平面与立体各表面的交线，然后依次连接。

［例 2-1］　如图 2-20（a）所示，求被截切后六棱柱的左视图。

空间及投影分析：从主视图可以看出截平面与 V 面垂直，与六棱柱的六个侧棱面和上底面均相交，因而截交线为七边形，七边形的 7 个顶点是截平面与左侧 5 条棱线的交点和截平面与上底面交线的两个端点。

由于截交线是截平面与六棱柱立体表面的共有线，截平面在 V 面上积聚成一条线，故截交线的正面投影也是这条线；同时，截交线属于六棱柱的 6 个棱面，截交线的水平投影积聚在六棱柱 6 个棱面的水平投影上，与上底面的交线通过求出两个在上底面边线上的交点连接得到。

作图：

① 先画出完整的六棱柱的左视图。

② 在正面投影上确定截平面与 5 条棱线的交点 1′、2′、3′、4′、5′和截平面与上底面交线的两个端点 6′、7′，按投影关系在六棱柱水平投影和侧面投影的各棱线上分别求出各点的水平投影 1、2、3、4、5、6、7 和侧面投影 1″、2″、3″、4″、5″、6″、7″，如图 2-20（b）所示。

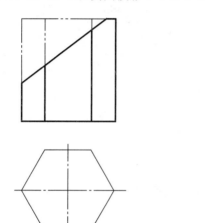
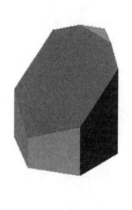

(a)

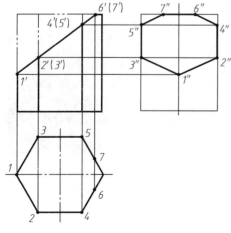
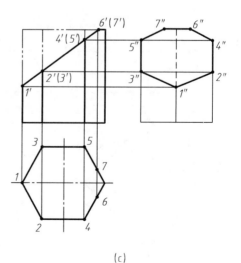

(b)   (c)

图 2-20   平面截切六棱柱

③ 画出截交线的水平投影。截交线的水平投影 12、24、46、13、35、57 与六棱柱水平投影重合，只需把 67 画出即可，可见，67 为粗实线。

④ 画出截交线的侧面投影。六棱柱被截去左上角，因此截交线的侧面投影可见，用粗实线把同一棱面上的两点连接起来，得截交线侧面投影 1″2″4″6″7″5″3″，为类似形，如图 2-20（b）所示。

⑤ 判断被截切后立体棱线的存在情况及其可见性。左视图有一条棱线不可见，画成虚线；保留部分的可见轮廓线画粗实线。加深全部图形，如图 2-20（c）所示。

[**例 2-2**] 如图 2-21（a）所示，求作四棱锥被正垂面 P 截切后的俯视图和左视图。

空间及投影分析：从图 2-21（a）主视图可以看出截平面是正垂面，与四棱锥的四个侧棱面

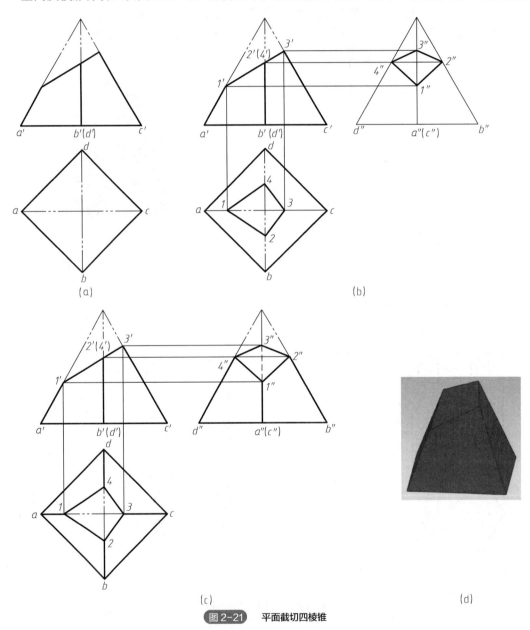

图 2-21　平面截切四棱锥

均相交，因而截交线为四边形，四边形的 4 个顶点是截平面与 4 条棱线的交点，如图 2-21（d）所示。

由于截交线是截平面与四棱锥立体表面的共有线，截平面是正垂面，故截交线的正面投影积聚在截平面的正面投影上，在俯视图和左视图上均为类似形。

作图：

① 先画出完整四棱锥的左视图，如图 2-21（b）所示。

② 在正面投影上确定截平面与四条棱线的交点 1′、2′、3′、4′，按投影关系在四棱锥各棱线的水平投影和侧面投影上分别求出各点的水平投影 1、2、3、4 和侧面投影 1″、2″、3″、4″，如图 2-21（b）所示。

③ 画出截交线的水平投影和侧面投影。四棱锥被截去左上角，因此截交线的水平投影和侧面投影均可见，用粗实线连接同一棱面上的两点，得截交线水平投影 1234 和侧面投影 1″2″3″4″，均为类似形，如图 2-21（b）所示。

④ 判断被截切后立体棱线的存在情况及其可见性。被切走部分的轮廓线不画或画细双点画线，保留部分的可见轮廓线画粗实线，不可见轮廓线画虚线。加深全部图形，如图 2-21（c）所示。

（2）曲面立体截切

平面与曲面立体相交产生的截交线为封闭的平面曲线，或平面曲线与直线的组合及平面多边形。求曲面立体截交线可以归结为求曲面上的一系列素线或纬圆与截平面的交点的问题。

1） 平面截切圆柱

① 截交线的形状。平面截切圆柱时，根据截平面与圆柱轴线相对位置的不同，圆柱面截交线有三种形状，分别是两平行直线、圆、椭圆，如表 2-1 所示。

表 2-1 圆柱面截交线形状

截平面位置	平行于轴线	垂直于轴线	倾斜于轴线
截交线形状	两平行直线	圆	椭圆
立体图	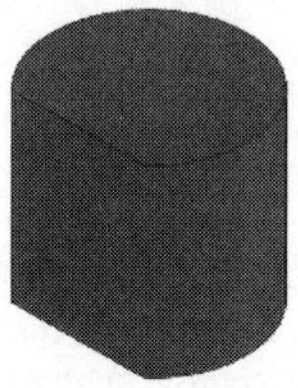		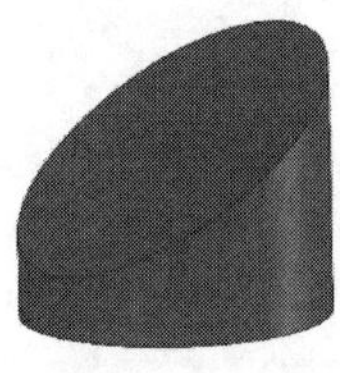
投影图	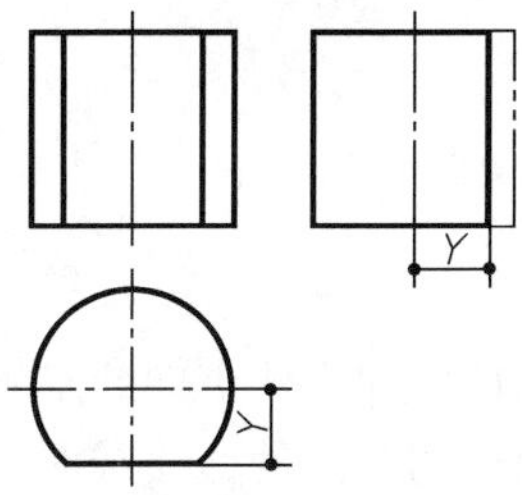	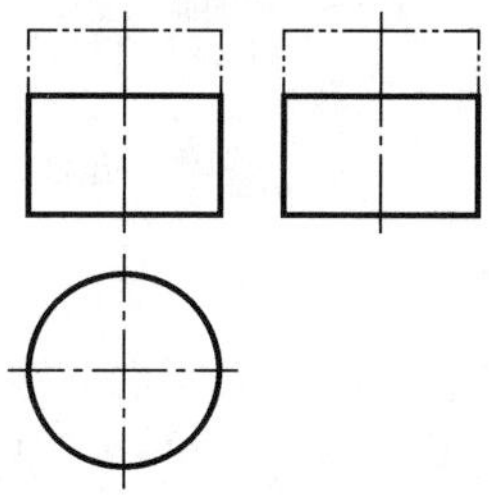	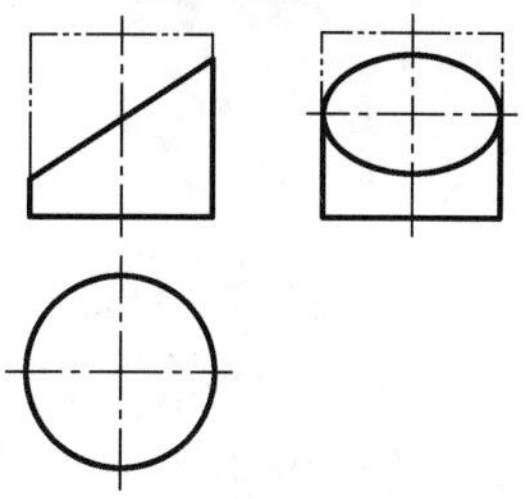

② 圆柱截交线的作图。当圆柱截交线为两条平行直线或圆时，可利用圆柱面和截平面投影的积聚性，直接精确求出，如表 2-1 第一、第二种情况所示。

当截交线为椭圆时，由于椭圆的投影为曲线，不能精确求出，可根据圆柱面和截平面投影的积聚性，先求出若干个截交线上的点，然后光滑连接这些点而近似求出。截交线上的点可分为特殊点和一般点。特殊点为圆柱转向轮廓素线上的点，这些点为所求截交线的最高点、最低点、最上点、最下点、最左点和最右点，确定了截交线的范围。一般点为除去特殊点以外的截交线上的其他点，它们确定了截交线的弯曲方向。

[**例 2-3**]　如图 2-22（a）所示，已知一立体被截切后的主、俯视图，求左视图。

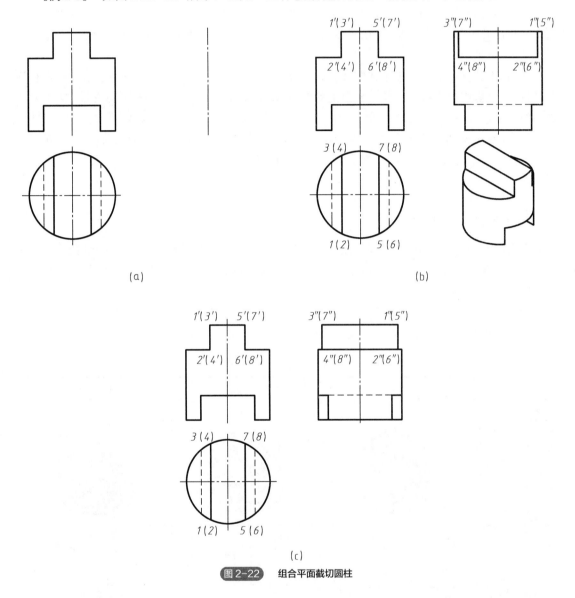

图 2-22　组合平面截切圆柱

空间及投影分析：

本例中圆柱上部被切去左右对称的两部分，使用的截切面为侧平面和水平面，圆柱下部使用两个侧平面和一个水平面切去一个贯通的槽。水平面截切得到的截交线为圆，本例中上下部分水平面截切得到的截交线均为圆的一部分，侧平面截切得到的截交线为矩形。

在需要补画的侧面投影中，水平面截切所得到的圆的投影积聚为一条直线，侧平面截切得到的矩形在侧面反映矩形的实形，圆的积聚性投影与矩形的底边重合在一起，矩形的高度为水平面到圆柱的顶面。下部分求解过程类似。

作图：如图 2-22（b）所示。

① 画出完整圆柱体的左视图。

② 求截交线的投影。根据分析结果，利用截平面与圆柱投影的积聚性，可得到两组平行直线ⅠⅡ、ⅢⅣ和ⅤⅥ、ⅦⅧ在主、俯视图上的投影 1′2′、3′4′ 和 5′6′、7′8′ 以及 12、34 和 56、78，进而求出其在左视图上投影 1″2″、3″4″ 和 5″6″、7″8″。圆弧 42、68 在左视图上的投影积聚为线 4″2″、8″6″。下部分做法相同。

③ 确定被截切圆柱轮廓素线的情况。在本例中，圆柱上部在左视图上反映的轮廓素线为圆柱的最前和最后轮廓素线，该轮廓素线没有被截平面所截切，因此在左视图上圆柱的侧面投影转向轮廓线保持完整，用粗实线画出。圆柱下部最前和最后轮廓素线被截平面截切了，所以在左视图上圆柱的侧面投影转向轮廓线不画。

图 2-22（c）是左视图的错误画法，请自行找出错误之处。

[例 2-4]　如图 2-23（a）所示，已知圆柱被截切的主俯视图，求其左视图。

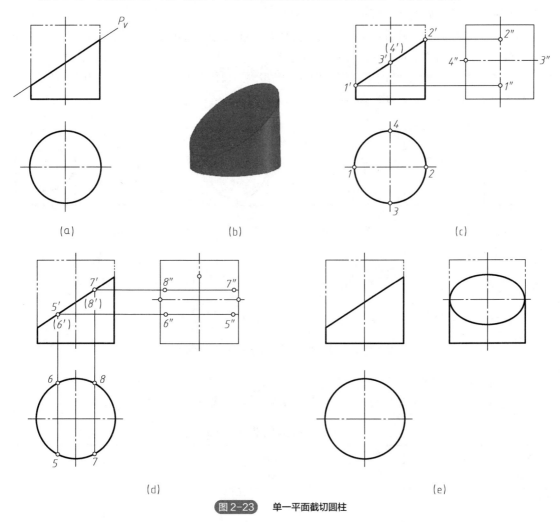

图 2-23　单一平面截切圆柱

空间及投影分析：由图 2-23（a）可以看出，圆柱体的轴线是铅垂线，被一正垂面斜截去上面一部分，截交线是椭圆，如图 2-23（b）所示。截交线的正面投影积聚为一段直线，截交线的水平投影为圆，侧面投影为椭圆。

作图：

先画出截切之前完整的圆柱的侧面投影。截交线的侧面投影是椭圆，其作图过程如下：

① 求截交线上特殊点的投影。图中 1′、2′、3′、4′点为截交线上的特殊点，由圆柱投影的积聚性可得，四个点的水平投影为 1、2、3、4，因此可求出四个点的侧面投影，如图 2-23（c）所示。

② 求截交线上一般点的投影。一般点可根据实际截交线的情况选取适当的个数，从而保证对所求截交线投影弯曲方向的确定。根据曲线的情况，在主视图上取 4 个一般点 5′、6′、7′、8′，根据圆柱投影的积聚性可得 4 个一般点的水平投影 5、6、7、8，从而求出 4 个点的侧面投影，如图 2-23（d）所示。

③ 依次光滑连接所求各点。光滑连接各点成椭圆，如图 2-23（e）所示。

④ 分析、整理圆柱轮廓素线的投影。在左视图上，圆柱的侧面投影转向轮廓素线在 3″、4″ 处与椭圆相切，结果如图 2-23（e）所示。

讨论：当截平面与圆柱轴线的夹角发生变化时，椭圆的长轴和短轴的变化情况。如图 2-24（a）、（b）所示，椭圆的长、短轴随截平面与圆柱轴线夹角的变化而改变。当截平面与圆柱轴线夹角成 45° 时，截交线的空间形状仍是椭圆，但其侧面投影是与圆柱直径相等的圆，即其长、短轴的侧面投影长度相等，如图 2-24（c）所示。

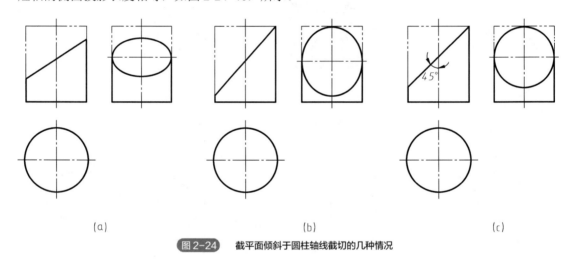

图 2-24　截平面倾斜于圆柱轴线截切的几种情况

2）平面截切圆锥

根据截平面与圆锥轴线相对位置的不同，圆锥面截交线有五种形状，见表 2-2。

表 2-2　平面与圆锥面的交线

截平面位置	与轴线垂直 ($\theta=90°$)	过锥顶	与轴线垂直 ($90°>\theta>\alpha$)	与一条素线平行 ($\theta=\alpha$)	与轴线平行或倾斜 ($0°\leq\theta<\alpha$)
截交线形状	圆	两相交直线	椭圆	抛物线	双曲线

续表

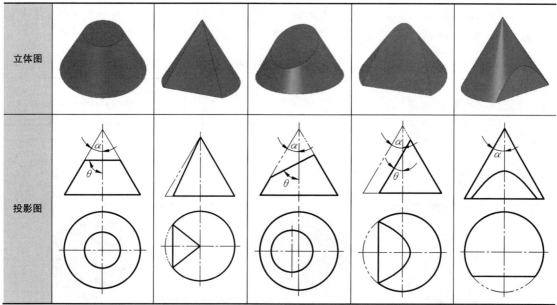

当截平面截圆锥面产生的截交线是圆和直线时,可利用投影关系直接准确求出;当产生的截交线为椭圆、双曲线、抛物线时,可先求曲线上特殊点的投影,然后求曲线上适量一般点的投影,最后光滑连接所求各点。

[例 2-5] 如图 2-25(a)所示,求圆锥被一侧平面截切后完整的左视图。

空间及投影分析:截平面平行于圆锥轴线,由表 2-2 可知,截交线为双曲线,截平面与圆锥底面交得一直线。由于截平面是一个侧平面,在正面投影和水平投影上均积聚成直线,而截交线也在该两条直线上,即已知截交线的正面投影和水平投影,只需求侧面投影,可以用圆锥表面上取点的方法来作图。

作图:

① 求截交线上特殊点的投影。特殊点有Ⅰ、Ⅱ、Ⅲ,Ⅰ为最高点,Ⅱ和Ⅲ为最低点。

② 求截交线上一般点的投影。利用纬圆法,求适当数量的一般点的投影,如Ⅳ、Ⅴ两点。

③ 光滑连接侧面投影各点,判别可见性,整理轮廓素线,得到圆锥截切体完整的左视图,如图 2-25(b)所示。

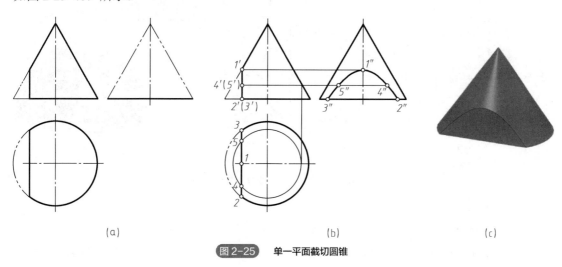

图 2-25 单一平面截切圆锥

3）平面截切圆球

① 截交线的形状。用任意位置的平面截圆球，其截交线均为圆。但由于截平面与投影面的位置不同，截交线的投影可能是直线、圆或椭圆，见表 2-3。

表 2-3　平面与圆球相交

截平面位置	投影面平行面	投影面垂直面
截交线形状	圆	圆
截交线投影	在截平面所平行的投影面上投影为圆，另两个投影面上投影积聚成直线	在截平面所垂直的投影面上投影积聚成直线，在另两个投影面上投影为椭圆
立体图		

② 圆球截交线作图。

[例 2-6]　如图 2-26（a）所示，已知半球开槽后（如圆头螺钉头部开的起子槽）的主视图，补全其俯视图并画出左视图。

空间及投影分析：

如图 2-26（a）可知，半球开一方槽，该槽是由左右对称的两侧平面和一个水平面组成，与球面的交线均为圆弧。其中侧平面截切的圆弧正面投影和水平投影都积聚成直线，侧面投影反映实形；水平面截切的圆弧正面投影和侧面投影积聚成直线，水平投影反映实形。

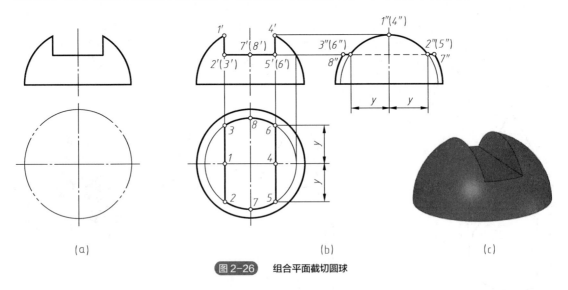

图 2-26　组合平面截切圆球

作图：

① 画出截切之前完整的半球的侧面投影。

② 利用纬圆法求水平面完整截切半球的水平投影纬圆，按"长对正"取局部圆弧 275 和

386，可见，画粗实线圆弧。侧面投影积聚成直线 7″8″。

③ 利用纬圆法求侧平面完整截切半球的侧面投影半圆，按"高平齐"取局部圆弧 2″1″3″，可见，画粗实线圆弧，5″4″6″与 2″1″3″重合，不可见。水平投影积聚成直线 23 和 56，可见，画粗实线。

④ 侧平面与水平面的交线侧面投影不可见，所以 2″3″画虚线。7″2″和 8″3″可见，画粗实线。

⑤ 整理轮廓素线的投影。水平投影的轮廓素线就是半圆球的底圆，可见，画粗实线；侧面投影的转向轮廓素线是不完整的，上面一段被切去，所以侧面投影上面一段圆弧没有。

2.2.4 基本体的尺寸注法

（1）常见基本体的尺寸注法

基本体只需标注定形尺寸，如图 2-27 所示。[注：（ ）内尺寸为参考尺寸]

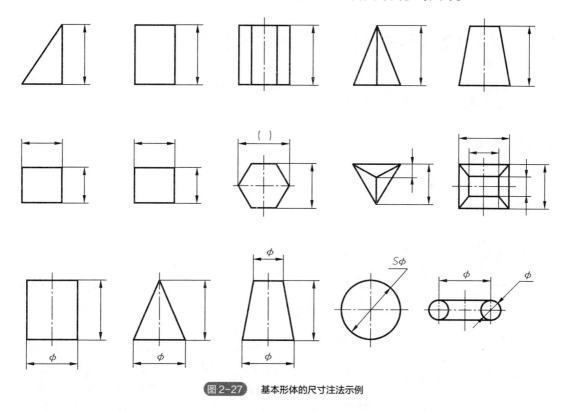

图 2-27　基本形体的尺寸注法示例

（2）切割体的尺寸注法

基本体被平面截切后的尺寸标注，首先要标注基本体的定形尺寸，然后标注截切平面的定位尺寸。注意不能在截交线上直接标注尺寸。例如，图 2-28 是基本体被截平面切割后的尺寸标注，图中除了注出形体的定形尺寸外，还在特征视图上集中标注出了截平面的定位尺寸，但不标注截交线的定形尺寸（尺寸线上画有"×"的尺寸）。

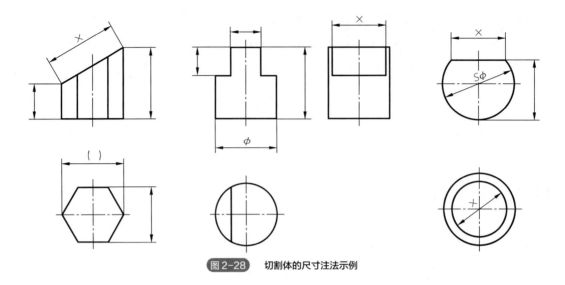

图 2-28　切割体的尺寸注法示例

2.3　利用成图软件进行基本体的建模与投影

工程制图常用的软件有 Pro/E、SolidWorks、Autodesk Inventor、UG NX 等，下面以 SolidWorks 为例，结合该软件介绍基本体的建模与投影知识。

2.3.1　建模的基本命令

图 2-29　拉伸参数

（1）拉伸

1）基本定义

拉伸是建模的核心基本功能之一，它是通过一个草图轮廓，从指定位置开始（默认为草图平面），沿着指定方向（默认为草图基准面法向）拉伸至指定位置，以形成实体或切除原有实体的一种方法。

2）创建步骤

① 分析模型，确定需通过拉伸生成的特征，分析时需要确定所需的基准面及草图所包含的内容。

② 选择合适的基准面，如果当前没有该基准面，则需要创建所需基准面。绘制草图，通过几何约束与尺寸约束进行草图定义。

③ 单击"特征"—"拉伸凸台/基体"或"拉伸切除"，选择合适的功能选项以输入相应的参数。

④ 单击"确定"√完成。

3）拉伸凸台/基体

"拉伸凸台/基体"主要包括五组参数："从""方向 1""方向 2""薄壁特征"和"所选轮廓"。其中部分参数具有二级选项，如图 2-29 所示。

（2）旋转

1）基本定义

旋转是建模的核心基本功能之一，主要用于回转类零件，如轴类、盘类零件等的建模。旋转是一个草图轮廓绕一根已知轴线旋转一定的角度形成实体的方式。

2）创建步骤

① 分析模型，确定需通过旋转生成的特征，分析时需要确定所需的基准面及草图所包含的内容。

② 选择合适的基准面，如果当前没有该基准面，则需要创建所需基准面。

③ 绘制草图，草图为该回转体截面的一半，通过几何约束与尺寸约束进行草图定义。

④ 单击"特征"—"旋转凸台/基体"，选择合适的功能选项以输入相应的参数。

⑤ 单击"确定"√完成。

3）旋转凸台/基体

"旋转凸台/基体"主要包括五组参数："旋转轴""方向1""方向2""薄壁特征"和"所选轮廓"。其中部分参数具有二级选项，如图2-30所示

（3）扫描

1）基本定义

扫描是将一轮廓沿着给定的路径扫过而形成实体。

2）创建步骤

① 分析模型，确定需通过旋转生成的特征，如轮廓单一、路径比较复杂的特征。

② 分析轮廓与路径所需的草图。

③ 分别绘制草图，通过几何约束与尺寸约束进行草图定义。

④ 单击"特征"—"扫描"功能，选择轮廓与路径相应的草图。

⑤ 单击"确定"√完成。

3）扫描

扫描主要包括五组参数："轮廓和路径""引导线""起始处和结束处相切""薄壁特征"和"曲率显示"，如图2-31所示。

图2-30　旋转参数

图2-31　扫描参数

（4）放样

1）基本定义

放样是将一组多个不同的轮廓过渡连接而形成实体。

2）创建步骤

① 分析模型，确定需通过放样生成的特征，如可以在不同的分段中提取出轮廓条件的模型。

② 分析所需的轮廓及位置。

③ 分别创建基准面并绘制草图，通过几何约束与尺寸约束进行草图定义。

④ 单击"特征"—"放样凸台/基体"功能，选择轮廓相应的草图。

⑤ 单击"确定"√完成。

3）放样凸台/基体

"放样凸台/基体"主要包括"轮廓""起始/结束约束""引导线""中心线参数""草图工具""选项""薄壁特征"和"曲率显示"，如图2-32所示。

图2-32 放样参数

2.3.2 基本体的建模与投影

基本体是具有长、宽、高（或直径、半径等）的三维几何体，它们的成图都是对二维草图截面的三维化处理。

（1）六棱柱的建模与投影

1）六棱柱的建模

① 新建一零件，选择"gb_part"，确定；

② 选择"上视基准面""正视于"，单击"草图"选项卡，绘制一个正六边形草图，给定尺寸；

③ 单击"特征"选项卡中"拉伸凸台/基体"，给定深度，正六棱柱完成。

2）六棱柱的投影

① 新建一图纸，选择"gb_a4"，确定；

② 单击工具条中"模型视图"，浏览找到六棱柱的part文件，确定；

③ 放置主视图、俯视图、左视图完成六棱柱的三视图。

（2）三棱锥（三棱台）的建模与投影

1）三棱锥（三棱台）的建模

① 新建一零件，选择"gb_part"，确定；

② 选择"上视基准面""正视于"，单击"草图"选项卡，绘制一个三角形草图，给定尺寸，退出草图；

③ 单击"特征"选项卡中"参考几何体"，选择基准面，第一参考为上视基准面，给定偏移距离，即三棱锥（三棱台）的高度；

④ 在新建的基准面1上画草图点（三角形），退出草图；

⑤ 单击"特征"选项卡中"放样凸台/基体"，在轮廓中选择草图三角形和点（三角形），确

定完成。

2）三棱锥（三棱台）的投影

① 新建一图纸，选择"gb_a4"，确定；

② 单击工具条中"模型视图"，浏览找到三棱锥（三棱台）的 part 文件，确定；

③ 放置主视图、俯视图、左视图完成三棱锥（三棱台）的三视图。

（3）圆柱的建模与投影

1）圆柱的建模

方法一：

① 新建一零件，选择"gb_part"，确定；

② 选择"上视基准面""正视于"，单击"草图"选项卡，绘制一个圆的草图，给定尺寸，退出草图；

③ 单击"特征"选项卡中"拉伸凸台/基体"，给定深度，圆柱完成。

方法二：

① 新建一零件，选择"gb_part"，确定；

② 选择"前视基准面"或"右视基准面"，"正视于"，单击"草图"选项卡，绘制一个矩形草图，给定尺寸，退出草图；

③ 单击"特征"选项卡中"旋转凸台/基体"；

④ 指定旋转轴（旋转轴既可以是草图的边线，也可以是草图中画的点画线）；

⑤ 方向 1 选 360°，圆柱完成。

2）圆柱的投影

① 新建一图纸，选择"gb_a4"，确定；

② 单击工具条中"模型视图"，浏览找到圆柱的 part 文件，确定；

③ 放置主视图、俯视图、左视图完成三棱锥的三视图。

（4）圆锥的建模与投影

1）圆锥（圆台）的建模

① 新建一零件，选择"gb_part"，确定；

② 选择"上视基准面""正视于"，单击"草图"选项卡，绘制一个圆形草图，给定尺寸，退出草图；

③ 单击"特征"选项卡中"参考几何体"，选择基准面，第一参考为上视基准面，给定偏移距离，即圆锥（圆台）的高度；

④ 在新建的基准面 1 上画草图点（圆），退出草图；

⑤ 单击"特征"选项卡中"放样凸台/基体"，在轮廓中选择草图圆和点（圆），确定完成。

2）圆锥（圆台）的投影

① 新建一图纸，选择"gb_a"，确定；

② 单击工具条中"模型视图"，浏览找到圆锥（圆台）的 part 文件，确定；

③ 放置主视图、俯视图、左视图完成圆锥（圆台）的三视图。

（5）球的建模与投影

1）球的建模

① 新建一零件，选择"gb_part"，确定；

② 选择"前视基准面""正视于"，单击"草图"选项卡，绘制一个半圆草图（需要封闭），给定尺寸，退出草图；

③ 单击"特征"选项卡中"旋转凸台/基体"；

④ 指定旋转轴（旋转轴既可以是草图的边线，也可以是草图中画的点画线）；

⑤ 方向1选360°，球完成。

2）球的投影

① 新建一图纸，选择"gb_a4"，确定；

② 单击工具条中"模型视图"，浏览找到球的 part 文件，确定；

③ 放置主视图、俯视图、左视图完成球的三视图。

2.3.3　截切体的建模与投影

截切体通常是由平面切割基本体形成的，它们的建模通常是先形成基本体，再去除材料。

（1）基本定义

【参考几何体】用于定义建模过程中的参考对象，包括基准面、基准轴、坐标系和点。本节只介绍基准面和基准轴，坐标系和点将在装配章节介绍。

1）基准面

作为基本特征的 2D 草图必须是基于基准面创建的。系统中有三个默认的基准面，在建模和装配中根据需要创建新的基准面。

单击"特征"—"参考几何体"—"基准面"，其属性框如图 2-33 所示。系统提供三个参考项，用于选择参考对象。

2）基准轴

"基准轴"用于创建基准轴，基准轴可以作为建模的参考。

图 2-33　基准面

图 2-34　基准轴

单击"特征"—"参考几何体"—"基准轴",其属性框如图 2-34 所示。系统提供五种创建基准轴的方法。

(2)截切的六棱柱建模与投影

1)截切的六棱柱建模

在前面建好的六棱柱基础上进行截切,然后进行投影。

① 打开零件"六棱柱";

② 在上表面上画草图,一条直线;

③ 建立基准面,与上视基准面成一定角度并通过该直线;

④ 利用曲面截切六棱柱,完成。

2)截切的六棱柱投影

① 新建一图纸,选择"gb_a4",确定;

② 单击工具条中"模型视图",浏览找到截切的六棱柱 part 文件,确定;

③ 放置主视图、俯视图、左视图完成截切六棱柱的三视图。

(3)截切的四棱锥建模与投影

1)截切的四棱锥建模

① 新建一零件,选择"gb_part",确定;

② 选择"上视基准面""正视于",单击"草图"选项卡,绘制一个正四边形草图,给定尺寸,退出草图;

③ 单击"特征"选项卡中"参考几何体",选择基准面,第一参考为上视基准面,给定偏移距离,即四棱锥的高度;

④ 在新建的基准面 1 上画草图点,退出草图;

⑤ 单击"特征"选项卡中"放样凸台/基体"。在轮廓中选择草图四边形和点,确定完成;

⑥ 在四棱锥的一个侧面上画一条直线;

⑦ 建立基准面,与前视基准面垂直且通过该直线;

⑧ 利用曲面截切四棱锥。

2)截切的四棱锥的投影

① 新建一图纸,选择"gb_a4",确定;

② 单击工具条中"模型视图",浏览找到截切的四棱锥的 part 文件,确定;

③ 放置主视图、俯视图、左视图完成截切的四棱锥的投影。

(4)截切圆柱的建模与投影

在前面建好的圆柱基础上进行截切,然后进行投影。

① 打开零件"圆柱";

② 在前视基准面画切口草图,给定尺寸,退出草图;

③ 拉伸切除得到截切的圆柱。

本章小结

本章主要讲述三视图的形成及其投影规律；平面立体、曲面立体的形成；平面立体、曲面立体的三面投影图及其表面上点投影的具体作图方法；平面与立体相交的分析方法和作图方法；立体的成图方法及截切体的三维建模。

 思考题

1. 什么是平面立体？常见的平面立体有哪些？
2. 当截平面垂直于投影面时，怎样求作平面立体的截交线？
3. 三视图能唯一确定物体的形状吗？
4. 圆锥被一次截切后能有几种可能的形状？
5. 一个立体被多个平面截切和多个立体被一个平面截切的作图方法是什么？
6. 如何由二维草图生成基本体？

 拓展阅读

三等规律由我国著名的图学家赵学田教授提出。赵学田，1900—1999 年，湖北巴东人。1924 年毕业于北京工业大学机械系，1931—1946 年间在武汉大学工学院任教，1953 年后赴华中工学院任教。曾任中国图学学会第一届理事长，中国科普作家协会第一届常务理事。

20 世纪 50 年代，国家大规模经济建设初期，机械行业工人因技术水平有限，看不懂图样，经常生产出废品和返修品。赵学田教授凭借长期从事机械制图教学和工厂培训新工人的实践经验，于 1954 年 2 月，将自己编写的《速成看图》带到武昌造船厂教授工人看图知识，取得了很好的效果。于是在 1954 年 4 月将《速成看图》更名为《机械工人速成看图》后正式出版。书中，赵学田教授将机械制图所需要的最根本的投影几何知识点编成口诀，大大提高了工人们的学习效率。其中，对三视图总结了一段口诀："前顶两图长对正，左前两图高看齐，左视右视两个图，宽度原来有关系。"1957 年 5 月出版的《机械图图介》中，赵学田教授对其中两句做了修改："前顶视图长对正，前左视图高看齐，顶视左视两个图，宽度原来有联系。"到 1964 年 9 月，《机械工人速成看图（修订本）》出版，三视图投影关系总结为九字诀："长对正，高平齐，宽相等。" 九字诀的出现，很快得到了教育界、科技界的重视和认可，被全国各种制图教材广泛采用。1966 年 8 月出版的《机械制图自学读本》中，三视图投影规律口诀也随之演变为："主视俯视长对正，主视左视高平齐，俯视左视宽相等，三个视图有关系。"该口诀对九字诀再次进行了新的诠释。

第 3 章

组合体的三视图

思维导图

学习目标

1. 掌握相贯立体三视图;
2. 学会组合体的三视图;
3. 学会组合体的尺寸标注;
4. 学会组合体的建模方法;
5. 学会利用成图技术生成组合体及其视图。

3.1 相贯线

两个立体相交,在立体表面所产生的交线称为相贯线,如图 3-1 所示。根据立体几何性质不同,两个立体相交可分为两平面立体相交、平面立体与曲面立体相交和两曲面立体相交。前两种情况可采用求解截交线的方法绘制相贯线,本节重点讨论两回转体相交产生的相贯线的求法。

相贯线具有以下性质:

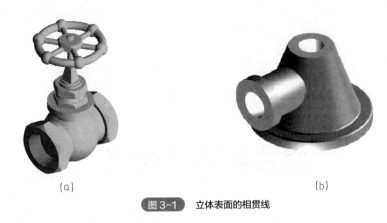

图 3-1　立体表面的相贯线

① 相贯线是两立体表面的共有线，是一系列共有点的集合；
② 相贯线是两立体表面的分界线；
③ 两个曲面立体的相贯线一般是封闭的空间曲线，特殊情况下是平面曲线或直线段。

3.1.1　求作相贯线的方法

相贯线上所有的点都是两立体表面的共有点，求解相贯线的基本方法是：求出两立体表面上若干个共有点，并判断其可见性，再将所求点光滑连接。

求作相贯线常用的方法是表面取点法和辅助平面法。

（1）表面取点法

当两个回转体相交，且两个立体表面的投影均有积聚性时，可利用相贯线的性质和已知的相贯线两个投影，去求解相贯的第三个投影。

[例 3-1]　试求图 3-2（a）所示的两个圆柱的相贯线。

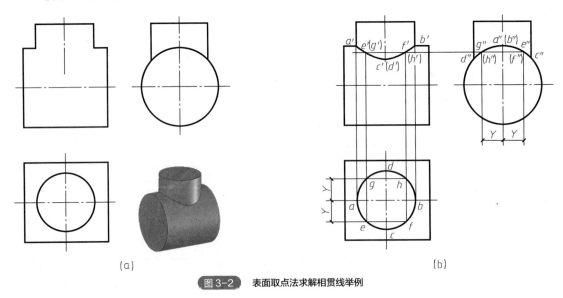

图 3-2　表面取点法求解相贯线举例

求解步骤：

分析:

① 分析相交圆柱的位置。两个圆柱轴线垂直相交；小圆柱轴线为铅垂线，大圆柱轴线为侧垂线；两个圆柱面分别积聚为圆，而相贯线的投影也重合在圆上。

② 分析相贯线的投影。利用圆柱面的积聚性，相贯线的水平投影为小圆柱面的投影，侧面投影为两圆柱公共部分的圆弧，可以利用相贯线已知的两个投影求出第三个投影（正面投影）。

作图:

① 求特殊点。与求解截交线类似，特殊点为相贯线的最高点、最低点、最上点、最下点、最左点和最右点，限定了截交线的范围。

本例中，点 A、B 是相贯线的最左、最右点（也是最高点），在正面投影中位于两圆柱轮廓线的交点处；点 C、D 是相贯线的最前、最后点（也是最低点），侧面投影在小圆柱的轮廓线上，其正面投影可从侧面投影求得。

② 求中间点。中间点为除去特殊点以外相贯线上的其他点，它们限定了截交线的弯曲方向。在求解时应取适当的数量来保证所求相贯线投影的准确性。

在本例中，任取两点 E、F，在水平投影中定出 e、f，然后按投影关系求出 e″、(f″)，再根据 e、e″、f、(f″) 求出 e′、f′。

③ 连线并判断可见性。判断可见性，相贯线正面投影前后相互重合，只画出实线；光滑连接所求点，得到相贯线的正面投影。

相贯线可见性的判断原则是：同时位于两回转体可见表面上的点，其投影是可见的；否则为不可见。

图 3-3 是两圆柱直径不同时，相贯线的变化情况。从图中可以看出，相贯线向大圆柱轴线的方向弯曲。当两个相交的圆柱直径相等时，两圆柱的相贯线为两条直线。

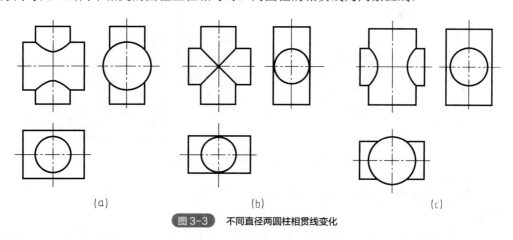

(a)　　　　　　　　(b)　　　　　　　　(c)

图 3-3　不同直径两圆柱相贯线变化

图 3-4 是两圆柱内、外表面相交的三种形式。图（a）为两圆柱外表面相贯；图（b）为一个圆柱的外表面与一个圆柱的内表面（圆柱孔）相贯；图（c）为两个圆柱的内表面相贯（两个圆柱孔相贯）。

（2）辅助平面法

当相贯线不能用积聚性直接求出时，可以利用辅助平面法。

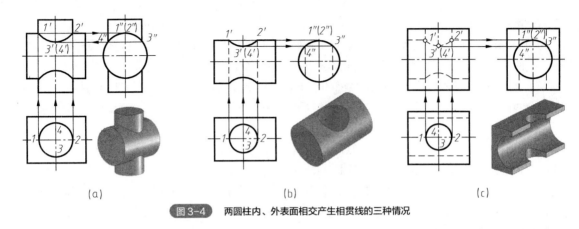

图 3-4　两圆柱内、外表面相交产生相贯线的三种情况

辅助平面法主要是根据三面共点的原理。如图 3-5（a）所示，当圆柱与圆锥相贯时，为求得共有点，可假想用一个平面 P（称为辅助平面）截切圆柱和圆锥。水平平面 P 与圆柱面的截交线为两条直线，与圆锥面的截交线为圆；两直线与圆的交点是平面 P、圆柱面和圆锥面三个面的共有点，也就是相贯线上的点。利用若干个辅助平面，就可得到若干个相贯线上点的投影，光滑连接各点即可求得相贯线的投影。

辅助平面的选择原则：①应使辅助平面与两回转体的截交线及其投影是直线或圆，图 3-5（a）所示的水平面 P 和图 3-5（b）所示的过锥顶且平行于圆柱轴线的平面 Q 是通常采用的两类辅助平面；②辅助平面应位于两曲面立体的共有区域内。

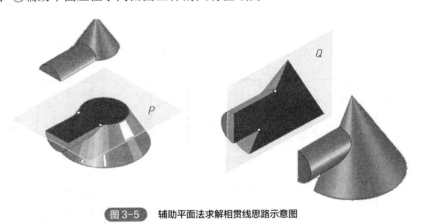

图 3-5　辅助平面法求解相贯线思路示意图

[例 3-2]　利用辅助平面法求图 3-6 中圆柱与圆锥相贯线。

步骤：

① 空间与投影分析：圆柱与圆锥轴线正交；圆柱轴线是侧垂线，圆柱面在侧面投影积聚为圆，相贯线的侧面投影与此圆重合；需求相贯线的正面投影和水平投影。

② 选择辅助平面：这里选择水平面 P，P 与圆柱轴线平行且与圆锥轴线垂直。

③ 求特殊点：如图 3-6（b）所示，点 A、D 为相贯线上的最高、最低点，它们在轮廓线上，可直接求出；点 C、E 为最前、最后点，由过圆柱轴线的水平面 P 求得；P 与圆柱截交线为最前、最后轮廓素线，与圆锥截交线为圆，二者相交得 e、c，它们是相贯线水平投影的可见与不可见的分界点。如图 3-6（c）所示，过锥顶作与圆柱面相切的侧垂面 Q_1、Q_2 作为辅助平面，这两个平面的侧面投影 Q_{1W}、Q_{2W} 与圆柱面的侧面投影（圆）相切，这两个切点 F、B 为相贯线上

的最右点。

④ 求一般点：根据作图需要在适当位置再作一些水平面为辅助面，可求出相贯线上的一般点。

⑤ 判断可见性并光滑连线：如图 3-6（d）所示，相贯线的正面投影前、后重合，用实线表示；水平投影的可见与不可见的分界点是 e、c，点 D 在下半圆柱上，故 cde 连线为虚线，其他为实线。

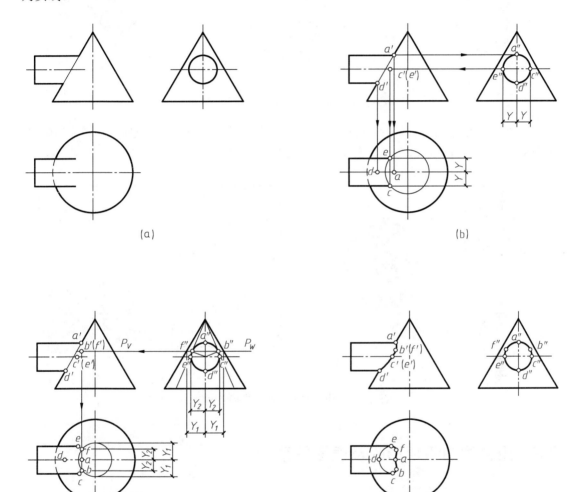

图 3-6　辅助平面法求解相贯线作图步骤

3.1.2 相贯线的特殊情况及简化画法

一般情况下相贯线为空间曲线，而在特殊情况下退化为平面曲线（直线、圆、椭圆等）。掌握相贯线的特殊情况，可以简化并准确地求出相贯线的投影。

① 相贯线为圆：两回转体共轴相贯时，相贯线为垂直于轴线的圆。当轴线平行于投影面时，圆的投影积聚为直线，如图 3-7 所示。

图 3-7　相贯线特殊情况——相贯线为圆

② 相贯线为椭圆：当两圆柱（或圆柱孔）直径相等并且轴线垂直相交时，相贯线为椭圆。如果椭圆平面垂直于某一投影面，则相贯线在该投影面上的投影积聚为直线，如图 3-8 所示。

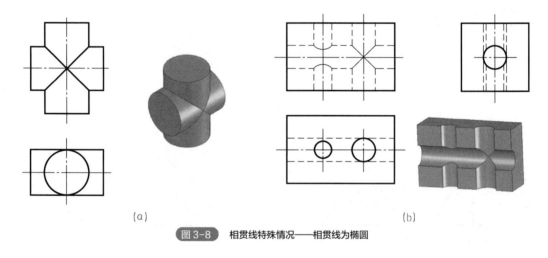

图 3-8　相贯线特殊情况——相贯线为椭圆

3.2　组合体的组合形式及表面关系

3.2.1　组合体的组合形式

组合体按其形成方式大致可分为叠加型、截切型和综合型三种。

（1）叠加型

组合体由若干基本形体堆砌或拼合而成，如图 3-9 所示。

（2）截切型

组合体由一个基本形体被切割了某些部分和穿孔而形成，如图 3-10 所示。

第 3 章 组合体的三视图

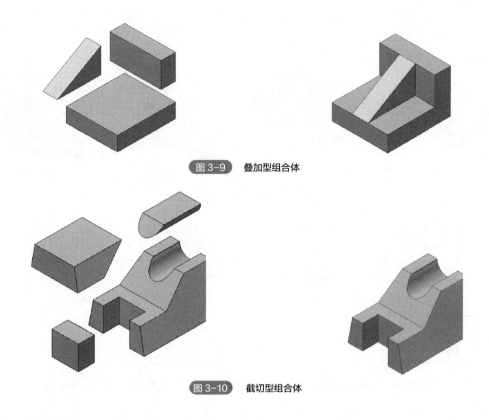

图 3-9　叠加型组合体

图 3-10　截切型组合体

（3）综合型

在实际中，组合体的组合形式一般并不是唯一的。有些组合体既可以按叠加型分析，也可以作为截切型分析，或者两者同时采用，如图 3-11 所示。

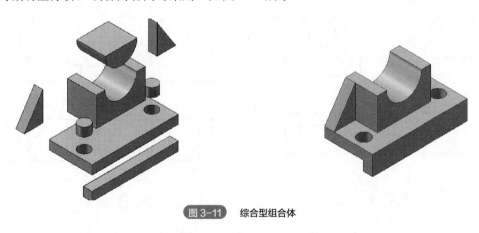

图 3-11　综合型组合体

3.2.2　组合体上相邻表面之间的连接关系

组成组合体的各基本形体表面之间可能是平齐、不平齐、相切、相交四种相对位置。如图 3-12 所示。形体间的相对位置不同，表面过渡关系也不同，投影分析也不一样。所以，在读图时，必须看懂形体间的表面过渡关系，才能彻底弄清形体形状。在画图时，也必须注意这些关系，才能使投影作图不多线、不漏线，如图 3-13 和图 3-14 所示。

73

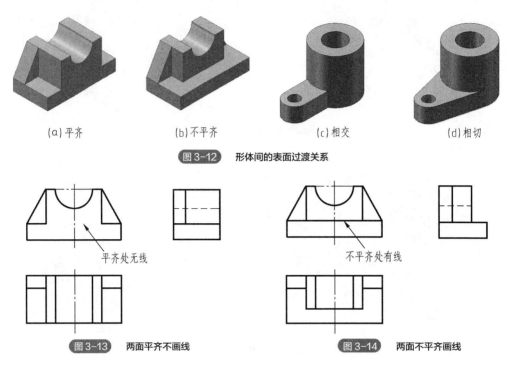

图 3-12　形体间的表面过渡关系

图 3-13　两面平齐不画线

图 3-14　两面不平齐画线

① 当两形体的表面不平齐时，中间应该有投影线隔开，如图 3-15（a）所示，图 3-15（b）漏线，是错误的。

② 形体的表面平齐时，中间应该没有投影线隔开，如图 3-16（a）、（b）所示。

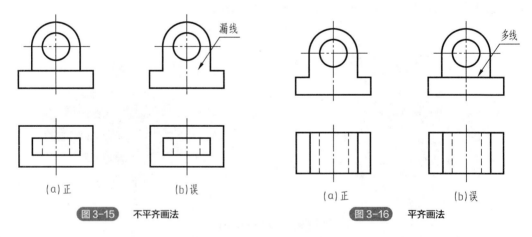

图 3-15　不平齐画法

图 3-16　平齐画法

③ 形体表面相交时，表面的交线是它们的分界线，图上必须画出，如图 3-17 所示。

④ 形体的表面相切时，因为相切处两表面是光滑过渡的，故该处不应画出分界线，如图 3-18 所示。

⑤ 当平面与曲面或两曲面的公切面垂直于投影面时，在该投影面的投影上画出相切处的转向轮廓线，此外其他任何情况均不应画出切线，如图 3-19 所示。

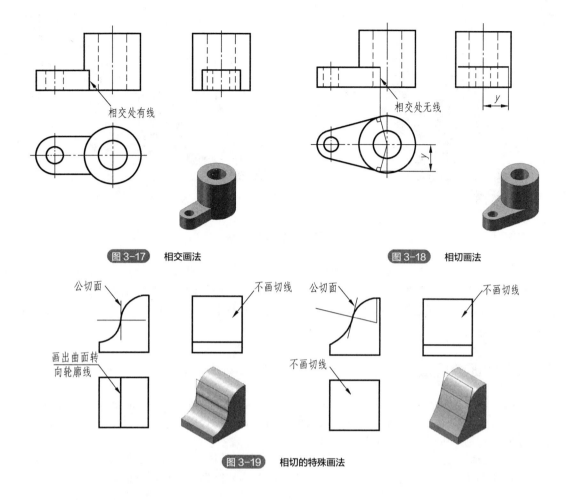

图 3-17 相交画法

图 3-18 相切画法

图 3-19 相切的特殊画法

3.3 组合体三视图的画法

在画组合体三视图之前，首先运用形体分析法将组合体分解为若干部分，弄清各部分的形状和它们的相对位置及组合方式，然后逐个画出各部分的三视图。

3.3.1 形体分析法

形体分析的目的在于搞清组合体中各个基本形体的形状及组合方式，总结出绘制组合体视图的规律，使复杂问题容易化。因此，在绘制和识读组合体视图的过程中，需假想把组合体分解为若干基本形体，以便分析各组成部分的形状、相对位置、组合方式及表面连接关系，这种分析方法称为形体分析法。如图 3-20 所示支架，可分析为由五个基本形体组成。该支架的中间为一直立空心圆柱，位于左下方的底板的上下两个面与直立空心圆柱相交而产生交线，前后两个面与直立空心圆柱相切，在相切处不画线。肋板的左侧斜面与直立空心圆柱相交产生的交线是曲线。前方的水平空心圆柱与直立空心圆柱垂直相交，两孔相贯通而产生两圆柱正交的相贯线。右上方的搭子与直立空心圆柱相交，其中搭子的上表面与直立空心圆柱的上表面共面不画线。

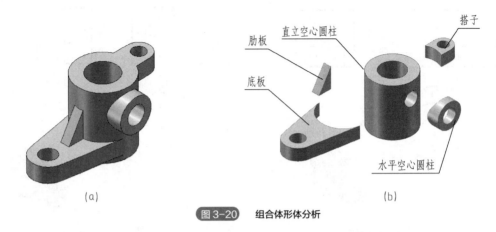

图 3-20　组合体形体分析

形体分析法为工程技术人员的构思成形、形体表达和体现成物的创造性思维活动，提供了一种科学的思维方法。要掌握和运用形体分析法，必须掌握分析基本形体的表面几何性质、投影特征和尺寸注法，还必须掌握组合体的组合形式、各基本形体间的相对位置关系及表面连接关系的投影特点。

3.3.2　线面分析法

形体分析法较适合于以叠加方式形成的组合体，对于用切割方式形成的组合体，常常利用"视图上的一个封闭线框一般情况下代表一个面的投影"的投影特性，对体的主要表面的投影进行分析、检查，可以快速、正确地画出图形。

由于组合体的组合方式往往既有叠加又有切割，所以绘图时一般不是独立地采用某种方法，而是两者综合使用，互相配合，互相补充。通常以形体分析为主，线面分析为辅。

3.3.3　三视图的画法

下面以图 3-21 所示支架为例，说明组合体三视图的具体画法。

（1）选择主视图

在三视图中，主视图最为重要。选择主视图，就是要解决组合体怎么放置和从哪个方向投影两个问题。通常从以下三个方面思考：

① 特征原则。要求主视图能够较多地反映物体的形状特征。即必须把组合体的各组成部分的形状特点和相互关系反映最多的方向作为主视图的投影方向。如图 3-21 所示支架的"A"和"C"向视图均可满足该特征原则。

② 稳定性原则。通常人们习惯从物体的自然位置进行观察，所以选择主视图时，常把物体放正，使物体的主要平面（或轴线）平行或垂直于投影面。图 3-21 所示的放置即满足这一原则。

③ 虚线最少原则。有利于其他视图的选择，尽量避免画虚线。如图 3-22 为支架 $A \sim D$ 四个向视图。综合比较，A 向作为支架的主视图投影方向，主视图最为清晰。

图 3-21　主视图的选择

第 3 章　组合体的三视图

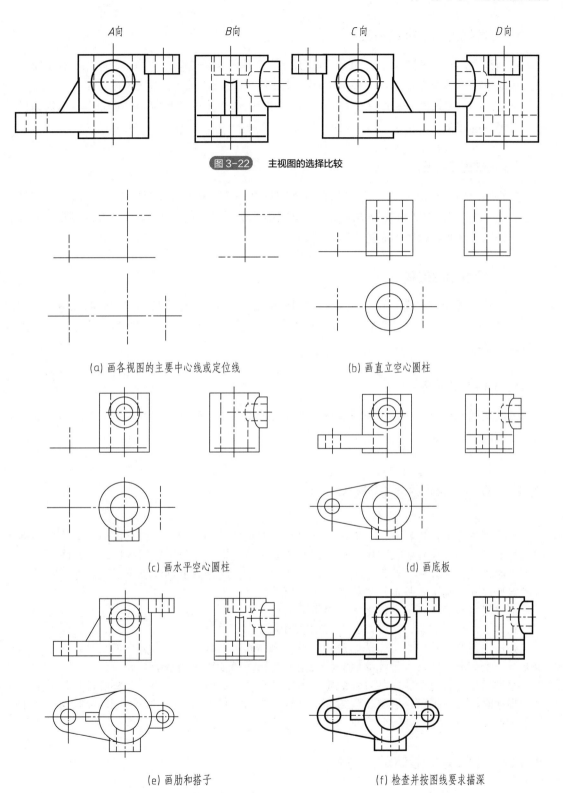

图 3-22　主视图的选择比较

(a) 画各视图的主要中心线或定位线　　(b) 画直立空心圆柱

(c) 画水平空心圆柱　　(d) 画底板

(e) 画肋和搭子　　(f) 检查并按图线要求描深

图 3-23　支架作图步骤

（2）选择比例，确定图幅

在选择比例时，尽量选择 1∶1 比例，以便于直接估量形体的大小和方便画图。对小而复杂或大而简单的形体及专业图，可根据 1.1.3 节比例的规定选用放大或缩小的比例。

确定图幅时要根据投影图所占面积、投影图间的适当间隔以及标注尺寸的空隙和标题栏位置，选择标准图幅。

（3）布置三视图

先绘出图框和标题栏线框，然后根据各视图各个方向的最大尺寸和视图之间应该留的空档，用中心线、对称线、轴线和其他基准线或方框定出各视图的位置。应注意，投影范围基本准确，预留空档适当宽裕，投影图布置合理均匀。

（4）绘投影图底稿

以形体分析为主，线面分析为辅，根据形体的组合形式，从最具形体特征的视图着手，按先主后次，先外后内，先整体后细部，分先后、有步骤地逐个绘出，如图 3-23 所示，最后"组合"成整个投影图。

（5）检查并描深

完成底稿经检查无误后，按国家规定中各类线型要求，进行描深。注意同类线型应保持浓淡和粗细度一致。

3.4　组合体视图上的尺寸标注

在工程图样中，投影图已经能反映出组合体的形状结构，但是，形体的真实大小则由标注的尺寸确定。标注尺寸应按照国家标准的有关规定准确地、完整地、清晰地进行标注。

一般将组合体分解为若干个基本形体，在形体分析的基础上标注以下三类尺寸。

定形尺寸：确定各基本体形状和大小的尺寸。

定位尺寸：确定各基本体之间相对位置的尺寸。

总体尺寸：物体长、宽、高三个方向的最大尺寸。

要标注定位尺寸，必须先选定尺寸基准。物体有长、宽、高三个方向的尺寸，每个方向至少要有一个基准。通常以物体的底面、端面、对称面和轴线作为基准。

总体尺寸有时可能就是某形体的定形或定位尺寸，这时不再注出。当标注总体尺寸后出现多余尺寸时，需作调整，避免出现封闭尺寸链。当组合体的某一方向具有回转结构时，由于注出了定形、定位尺寸，该方向的总体尺寸不再注出。

3.4.1　常见基本形体的尺寸标注

（1）常见的基本形体的定形尺寸注法

常见的基本形体主要有棱柱、棱锥、棱台、圆柱、圆台、圆环和球体。其定形尺寸标注如

图 3-24 所示。[注：( ) 内尺寸为参考尺寸]。

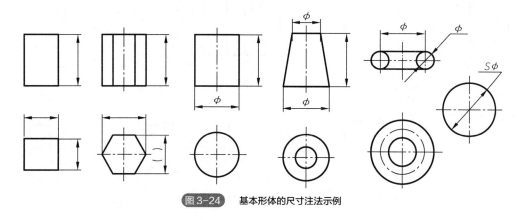

图 3-24　基本形体的尺寸注法示例

（2）常见形体的定位尺寸注法

图 3-25（a）、(b)、(c) 所示为常见形体的定位尺寸的标注。

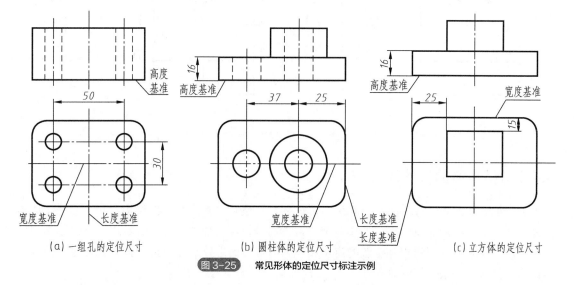

图 3-25　常见形体的定位尺寸标注示例

（3）常见基本形体的尺寸标注注意事项

当基本形体被平面截切后，应注意不能在截交线上直接标注尺寸，而是标注基本形体的定形尺寸和截切平面的定位尺寸。图 3-26 是基本形体被截平面切割后，其切口尺寸和形体的尺寸标注。图中除了注出形体的定形尺寸外，还在特征视图上集中标注出截平面的定位尺寸，而不标注截交线的定形尺寸（尺寸线上画有"×"的尺寸）。

当体的表面具有相贯线时，应标注产生相贯线的两基本体的定形和定位尺寸，不能在相贯线上直接标注尺寸。图 3-27 所示为两圆柱相交时尺寸的标注。其中定形尺寸如小圆柱直径 $\phi 28$、大圆柱直径 $\phi 36$ 和长度 50 及定位尺寸 27 和 25 是正确的注法，而 $R16$ 和 16 的注法是错误的。

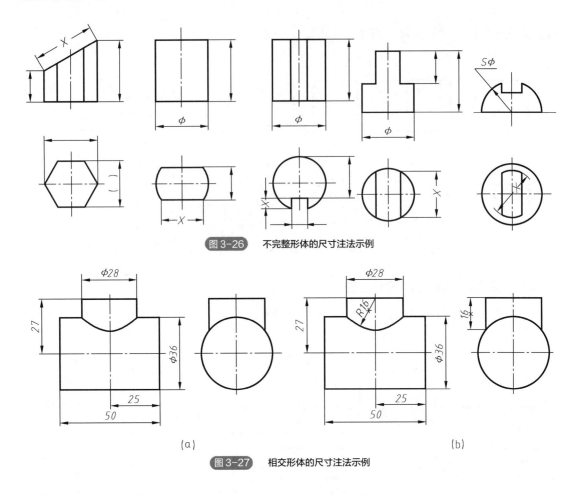

图 3-26　不完整形体的尺寸注法示例

图 3-27　相交形体的尺寸注法示例

3.4.2　组合体的尺寸标注

进行组合体的尺寸标注时，首先运用形体分析法透彻分析组合体的结构形状，明确组成组合体的基本形体的形状及它们间的相互位置，然后分析组合体的尺寸，确定组合体的基本形体的定形尺寸及它们之间的相互位置的定位尺寸和组合体的总体尺寸。标注时，先标注定形尺寸，再标注定位尺寸，最后标注总尺寸。

下面仍以图 3-21 所示支架为例说明定形、定位和总体尺寸的具体注法与步骤。

（1）尺寸基准的确定

尺寸基准是标注尺寸的起点，也是组合体中各基本形体定位的基准。因此，为了完整和清晰地标注组合体的尺寸，必须在长、宽、高三个方向上分别选定尺寸基准。图 3-28 所示支架所选定的尺寸基准应以支架直立空心圆柱的轴线为长度方向的尺寸基准；以这个支架的前后对称面作为宽度方向的基准；以支架底板的底面为高度方向的尺寸基准。

（2）定形尺寸的标注

如图 3-29 所示，将支架分析成五个基本形体后，再逐一标出组合体的各基本形体的定形尺寸，注意要避免混标和遗漏。定形尺寸尽量标注在反映该部分形状特征的视图上。

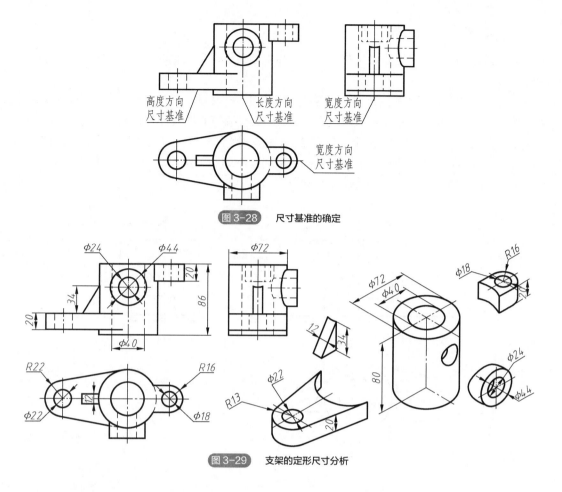

图 3-28　尺寸基准的确定

图 3-29　支架的定形尺寸分析

（3）定位尺寸的标注

两基本形体间一般有长、宽、高三个度量方向的定位尺寸。根据图 3-28 所确定的支架尺寸基准，在图 3-30 的支架上标注出了各基本形体之间的六个定位尺寸。

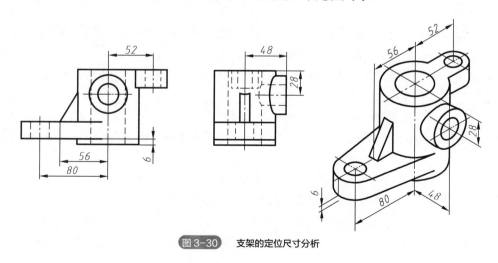

图 3-30　支架的定位尺寸分析

（4）总体尺寸的标注

标注了组合体各基本体的定位和定形尺寸后，通常情况下应标注组合体的总长、总宽、总高尺寸。

注意：如前所述，如图 3-31 所示总高尺寸 86 可直接标注出；当物体的端部为同轴线的圆柱和圆孔时，如图 3-31 所示支架底板的左端、搭子的右端等的结构形状，标注了圆弧半径 22 与 16 两个定形尺寸以及 80 和 52 两个定位尺寸后，由于这四个尺寸有利于明显表示底板和搭子相对直立圆柱的定位尺寸以及更能清晰表示出底板和搭子的圆头定形尺寸，为避免标注封闭或重复尺寸，不再标注总长尺寸。总宽尺寸也不应标出。

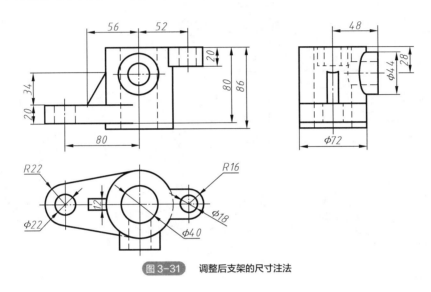

图 3-31　调整后支架的尺寸注法

3.4.3　尺寸标注注意事项

尺寸标注除了要符合国标规定及标注完整准确无误外，还要达到配置明显、清晰、整齐，以便读图。

① 明显。同一基本形体的定形、定位尺寸，应尽量集中标注在反映形体特征的投影图中，而与两投影图有关的尺寸，宜注在两投影图之间。

② 清晰。尺寸应尽可能布置在投影图轮廓线之外，某些细部尺寸允许标注在图形内，并尽量不把尺寸注在虚线上。

③ 整齐。尽量将形体的定形、定位和总体尺寸组合起来，排列成几行，小尺寸布置距图样最外轮廓线的距离不小于 10mm，大尺寸在外侧。平行排列的尺寸线的间隔应相等，相距不少于 7mm 为宜。

④ 尺寸线、尺寸界线与轮廓线应尽量避免相交。

⑤ 同轴回转体的直径尺寸尽量注在反映矩形投影的视图上。

⑥ 同一方向的尺寸线，在不互相重叠的条件下，最好画在一条线上，不要错开。

在标注尺寸时，有时不能兼顾以上各点，应根据具体情况，统筹安排，合理布置。

3.5 读组合体三视图

绘图和看图是学习制图的两个重要环节。绘图是把空间形体运用正投影法表达在平面图纸上。而看图是运用正投影原理,根据平面图形想象出空间形体形状结构的过程。

3.5.1 读图的基本方法

形体分析法和线面分析法既是绘图的基本方法,也是看图的基本方法。要读懂图,除了必须掌握一定的投影理论外,掌握一定的读图方法也是很有必要的。

(1) 将各个视图联系起来识图

组合体的形状一般是通过几个视图来表达的,每个视图只能反映物体一个方向的形状,仅由一个或两个视图不一定能唯一地确定组合体的形状。一般要根据几个视图并运用投影规律进行分析,才能想象出空间物体的形状。

如图 3-32 所示的视图,它们的主视图都相同,却表达了五种不同形状的物体。

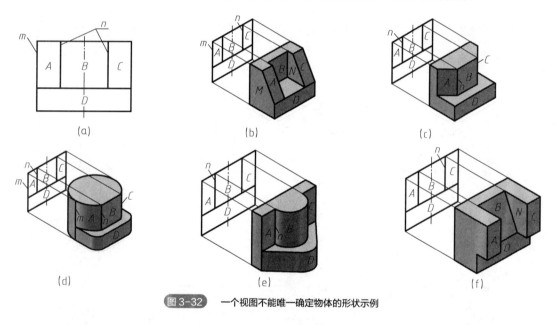

图 3-32　一个视图不能唯一确定物体的形状示例

如图 3-33 所示的三组视图,虽然其主、左两个视图相同,但也不能唯一确定组合体的形状,而是表达了三种物体。

(2) 抓特征视图

① 形状特征视图,最能反映物体形状特征的视图。如图 3-34 所示俯视图为形状特征视图。
② 位置特征视图,最能反映物体位置特征的视图。如图 3-35 所示侧视图为位置特征视图。
③ 注意反映形体之间连接关系的图线,如图 3-36 箭头所指的图线。

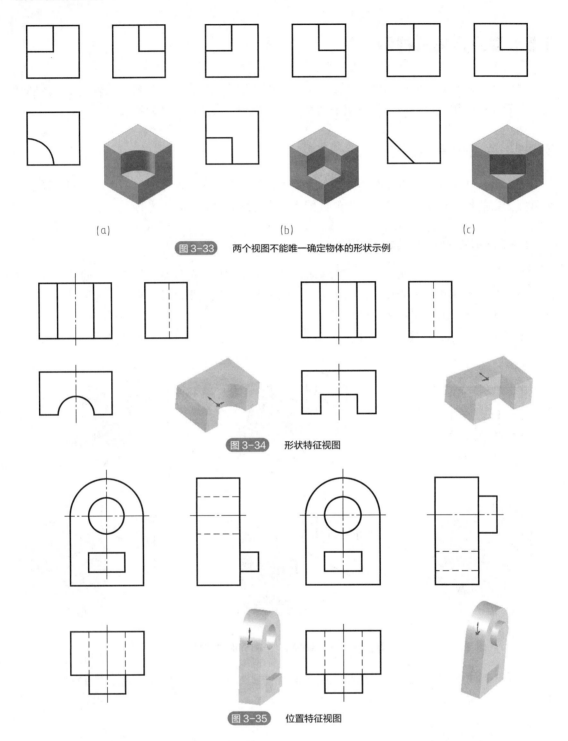

图 3-33 两个视图不能唯一确定物体的形状示例

图 3-34 形状特征视图

图 3-35 位置特征视图

（3）理解视图中线框和图线的含义

① 视图上的每一条线可以是物体上下列要素的投影。两表面的交线，如图 3-32（d）中的直线 n；垂直面的投影，如图 3-32（b）中的直线 m 和 n；曲面的转向轮廓线，如图 3-32（d）中的直线 m。

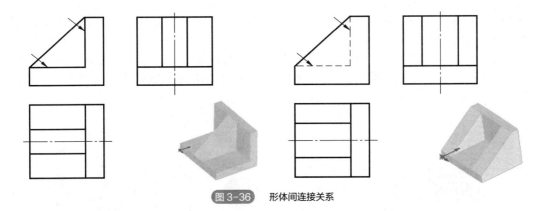

图 3-36　形体间连接关系

② 视图上的每一个封闭线框可以是物体上下列要素的投影。平面，如图 3-32（e）、（f）视图上的封闭线框 A 为物体上的平面的投影，图 3-32（b）、（c）视图上的封闭线框 A 则为物体上的斜面的投影；曲面，如图 3-32（d）视图上的封闭线框 A 和（e）视图上的 B 均为物体上圆柱面的投影；曲面及其切平面，如图 3-32（d）、（e）视图上的封闭线框 D 为物体上相切平面及圆柱面的投影。

③ 视图上相邻的封闭线框必定是物体相交或前后、上下、左右的两个面。如图 3-32（b）视图上的封闭线框 D 和 B 为物体前后两个面的投影。

④ 视图上相套的封闭线框，可以是孔或凹凸不平的面。

（4）善于构思物体的形状

为了提高读图能力，应注意不断培养构思物体形状的能力，进一步丰富空间想象能力，以便能正确和迅速地读懂视图。下面举例说明构思物体形状的步骤和方法。

［例 3-3］　如图 3-37（a）所示，已知物体三个视图的外轮廓，要求通过空间构思出这个物体的形状及其三视图。

构思步骤和方法： 在构思过程中，可以先逐步按三个视图的外轮廓来构思这个物体，然后想象出这个物体的形状。

① 将正方形作为主视图的物体，可以构思出很多形体，如立方体、圆柱体、三棱柱等，如图 3-37（a）所示。

② 将圆作为俯视图的物体，也可构思出很多形体，如圆柱体、球体、圆锥体等。但是主视图轮廓为正方形外，俯视图为圆的物体只能是一个圆柱体、如图 3-37（b）所示。

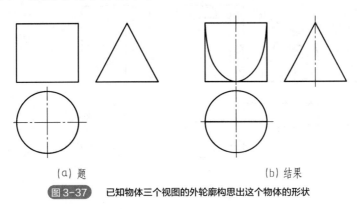

(a) 题　　　　　　　　(b) 结果

图 3-37　已知物体三个视图的外轮廓构思出这个物体的形状

③ 主、俯视图的轮廓分别为正方形和圆,而左侧视图为三角形的物体,该物体应该是圆柱体被截平面截切后形成的。即用两个侧垂面切去圆柱体的前后两块,切割后的圆柱体的左视图为一个三角形,而主、俯视图的轮廓仍分别能保持原来的正方形和圆。只是主视图上应添加前、后两个断面的重合投影,俯视图上应添加两个断面的交线的投影。物体的形状和三视图,如图3-38(c)所示。

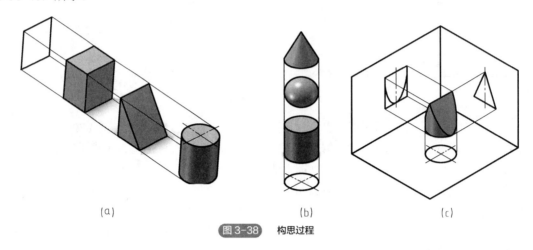

图 3-38　构思过程

综上所述,读图时,不仅要几个视图联系起来看,还要对视图中的每个线框和每条图线的含义进行分析,才能逐步想象出物体的完整形状。

3.5.2　读图的基本步骤

(1)形体分析法

形体分析法是读图的最基本方法。应用这种方法,先从最能反映物体形状特征的主视图着手,分析该物体是由哪几部分组成以及它们的组成形式,然后运用投影规律,逐一找出每一部分在其他视图上的投影,从而想象出各部分所表达的基本形体的形状以及它们之间的相对位置关系,最后构思出整个物体的形状。下面以图3-39所示的支座为例,说明这种方法在读图中的具体应用。

① 抓特征分形体画线框。以主视图为主,配合其他视图,找出反映物体特征较多的视图,在图上将物体分解成几部分。如图3-39所示,将主视图划分为4个线框,即A、B、C、D四部分。

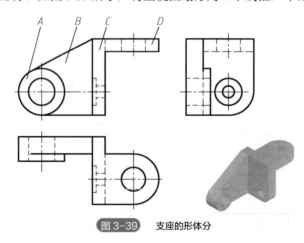

图 3-39　支座的形体分

② 对投影识形体。搞清各部分的形状、相对位置及组合方式，从形体 A 的主视图线框出发，根据"三等"关系，找到 A 在左、俯视图中的对应投影，如图 3-40（a）所示的粗线条。

然后将形体 A 的三个视图对应起来，很容易确定是一个空心圆柱。其余形体的形状确定见图 3-40 中的（b）（c）（d）。

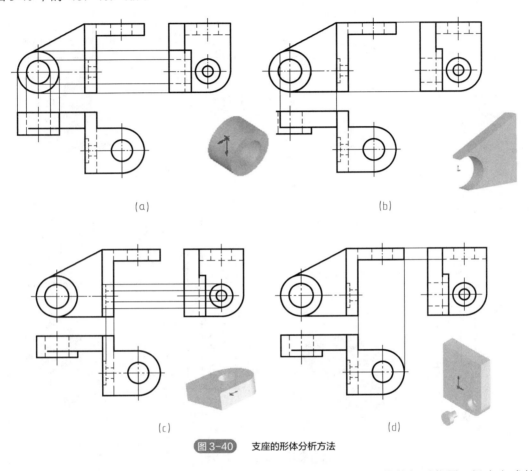

图 3-40　支座的形体分析方法

③ 综合起来想整体。在读懂每部分形体的形状，搞清各部分形体的相对位置、组合方式的基础上，综合起来想象整体的形状。

由已知两投影图补画第三投影图是培养看图能力的一种主要方法，常做这样的训练，有助于提高看图能力。其过程是先分析形体的两投影图，确定该形体的形状，然后按前述绘图方法补绘第三投影图。

［例 3-4］ 如图 3-41 所示，已知叉架的主、俯视图，补画左视图。

先进行初步分析：如图 3-41 所示，将主视图划分为三个封闭的线框，看作组成支架的三个部分的投影：Ⅰ 是底板线框；Ⅱ 是立板线框；Ⅲ 是 U 形体线框（注意线框内包括的小圆线框）。对照俯视图，逐个构思出每个线框的形状并补画出视图。然后分析它们之间的相对位置和表面连接关系，综合得出这个支撑的整体形状。最后，从整体出发，校核和加深已补出的左视图。

补图过程如图 3-42 所示。

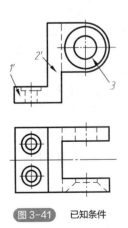

图 3-41　已知条件

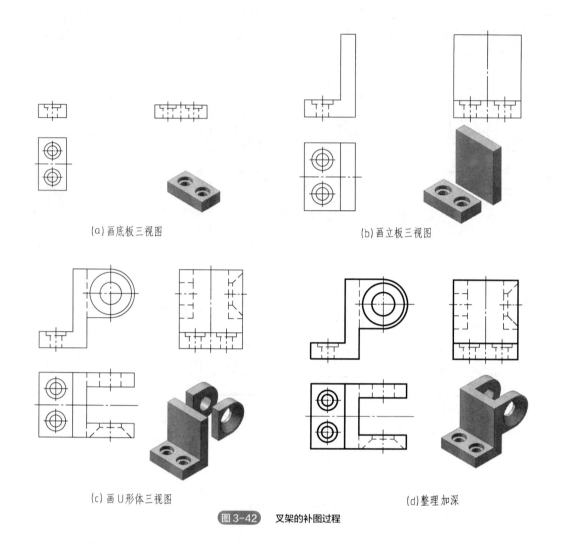

图 3-42　叉架的补图过程

（2）线面分析法

线面分析法是看图的辅助方法，根据每一封闭线框表示空间一个面的投影特征，运用线、面的投影特征，分析投影图中线段、线框的含义及其相互位置关系。

在组合体形体划分较清晰的情况下，应采用形体分析法进行读图。对于由切割方式形成的组合形体，需要利用线面分析的方法帮助读图。一般情况下是两种方法混合使用，以形体分析为主，辅以线面分析。下面以图 3-43（a）所示压块为例，说明在读图中如何进行线面分析。

① 分析视图。对所给视图进行分析，搞清它是由哪种基本形体切割而成的。从图 3-43（a）所给视图可以看出该组合体由一个长方体切割而成。

② 分析视图中的线和面。从主视图中的斜线 p'，找出它在俯、左视图中对应的投影 p 和 p''。可以看出它是一个正垂面，将长方体左上角切去，如图 3-43（b）所示。

从主视图中的五边形 q'，找出它在俯、左视图中对应的投影 q 和 q''。可以看出它是两个铅垂面，将长方体的左前、左后角切去，如图 3-43（c）所示。

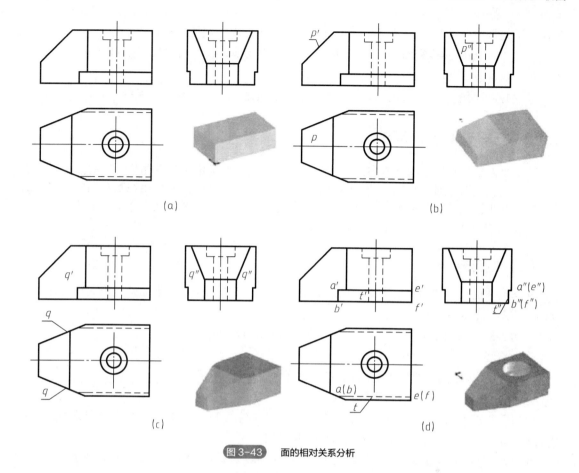

图 3-43 面的相对关系分析

从主视图中的矩形线框 t'，找出它在俯、左视图中对应的投影 t 和 t''。可以看出它是两个水平面和两个正平面，将长方体前下角、后下角切去，如图 3-43（d）所示。

③ 综合想象整体形状。根据以上线面分析，综合想象出压块的形状。

综上所述，弄清楚了各个面的相对关系，即能想象出该物体的形状。

3.6 组合体的正等轴测图

等轴测投影是模拟物体沿特定角度产生平行投影图，其实质是三维物体的二维投影图。等轴测以相同的角度来显示 3 个面，如图 3-44 所示。

3.6.1 轴测图的基本知识

轴测图投影特性：

① 物体上平行于坐标轴的线段，在轴测图中平行于轴测轴。

② 物体上相互平行的线段，在轴测图上仍然相互平行。

③ 在轴测图上，只有沿轴测轴方向才能直接量取尺寸

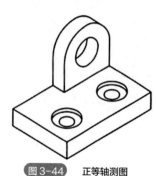

图 3-44 正等轴测图

作图（这就是轴测的含义），而不沿轴测轴方向一般不能直接截取尺寸作图。

④ 在空间与轴测投影面平行的线段，在轴测图上反映该线段的实长；圆柱轴测图中椭圆的长轴，反映了圆柱直径的实长。

⑤ 物体上两平行线段或同一直线上的两线段长度之比，在轴测图上保持不变。

3.6.2 正等轴测图的画法

绘制平面立体轴测图的基本方法，就是按照"轴测"原理沿坐标轴测量，然后按照坐标画出各顶点的轴测图。对于不完整的形体可以先按完整的形体画出，然后用切割法画出不完整部分。对一些平面立体则采用形体分析法，先将其分成若干基本形体，然后逐个将形体混合在一起。作物体的轴测图时，习惯上是不画出其虚线。

（1）坐标法

根据物体的尺寸或顶点的坐标画出点的轴测图，然后将同一棱线上的两点连成直线即得立体的轴测图。下面举例说明平面立体正等轴测图的画法。

[**例 3-5**] 如图 3-45 所示，作出正六棱柱的正等轴测图。

作图步骤：

① 在两面投影图上建立坐标系 $OXYZ$，如图 3-45（a）所示。

② 画出正等轴测图中的轴测轴 O_1X_1、O_1Y_1、O_1Z_1，如图 3-45（b）所示。

③ 在 O_1Y_1 轴上，以 O_1 为圆心，截取线段 $I\,II$ 与线段 12 长度相等，得到 I 和 II 两点，沿 O_1X_1 轴量取 $O_1C_1=Oc$、$O_1F_1=Of$，得 C_1 和 F_1 两点。

④ 分别过点 I 和 II 作 O_1X_1 的平行线，并以 I 和 II 为圆心，截取 $A_1B_1=ab$ 和 $E_1D_1=ed$，得 A_1、B_1、D_1、E_1 四点，如图 3-45（c）所示。

⑤ 连接 A_1、B_1、C_1、D_1、E_1、F_1 各点得正六棱柱顶面的轴测投影，如图 3-45（c）所示。

⑥ 分别过 A_1、D_1、E_1、F_1 各点向下作 O_1Z_1 轴的平行线，各平行线长度相等，均等于正六棱柱的高 h。连接各截取点，如图 3-45（d）所示。

⑦ 加深各棱线的投影得正六棱的正等轴测图，如图 3-45（e）所示。

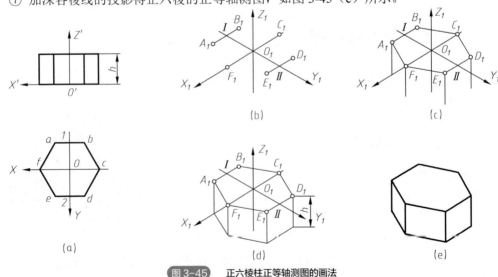

图 3-45　正六棱柱正等轴测图的画法

(2) 切割法

如图 3-46（a）所示，该物体可以看成是由一个四棱柱切割而成。左上方被一个正垂面切割，右前方被一个正平面和一个水平面切割。画图时可先画出完整的四棱柱，然后逐步进行切割。

作图步骤：

① 在三视图上建立直角坐标系 $OXYZ$，如图 3-46（a）所示。

② 画轴测轴 O_1X_1、O_1Y_1、O_1Z_1，然后画出完整的四棱柱的正等轴测图，如图 3-46（b）所示。

③ 量尺寸 a、b，切去左上方的第 I 块，如图 3-46（c）所示。

④ 量尺寸 c，平行 $X_1O_1Y_1$ 面向后切。量尺寸 d，平行 $X_1O_1Z_1$ 面向下切。两平面相交切去第 II 块，如图 3-46（d）所示。

⑤ 擦去多余图线并描深，得到四棱柱切割体的正等轴测图，如图 3-46（e）所示。

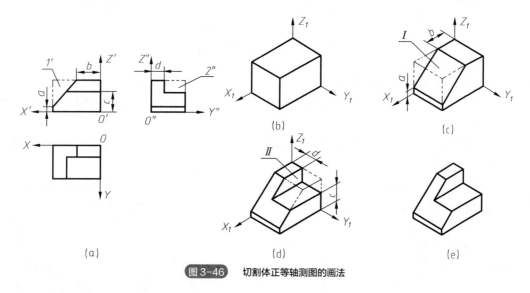

图 3-46 切割体正等轴测图的画法

(3) 组合法

如图 3-47（a）所示，可将组合体分解成三个基本形体（I、II、III），然后逐步画出各形体的正等轴测图，但要注意各形体间的位置关系。

作图步骤：

① 在主、俯视图上，建立直角坐标系 $OXYZ$，如图 3-47（a）所示；

② 画轴测轴 O_1X_1、O_1Y_1、O_1Z_1，然后画出形体 I，如图 3-47（b）所示；

③ 形体 II 与形体 I 前、后和右面共面，画出形体 II，如图 3-47（c）所示；

④ 形体 III 的底面与形体 I 的顶面共面，右面与形体 II 的左面共面，画出形体 III，如图 3-47（d）所示；

⑤ 对形体 II 进行挖切，擦去形体间不应有的交线和被遮挡住的线，然后描深，得到完整的正等轴测图，如图 3-47（e）所示。

(4) 圆角的正等轴测图的画法

圆角是圆的四分之一，其正等轴测画法与圆的正等轴测画法相同，即作出对应的四分之一

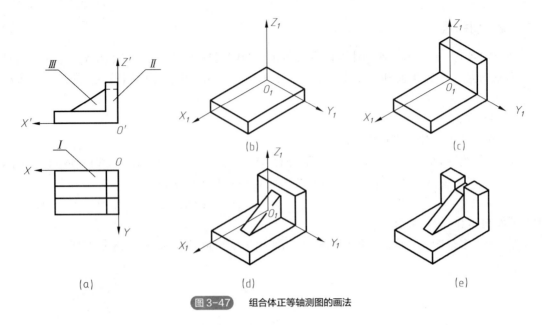

图 3-47　组合体正等轴测图的画法

菱形，画出近似圆弧。如图 3-48（a）所示，圆角的正等轴测图近似画法如下：

① 求作圆弧的连接点（切点）T。如图 3-48（b）所示，在圆角的边线上量取圆角半径 R，得连接点 T。

② 过点 T 作各边的垂线，得圆心 O。如图 3-48（c）所示，作边线的垂线，然后以两垂线交点为圆心，垂线长为半径画弧，所得弧即为轴测图上的圆角。

③ 画底面圆角。只要将切点、圆心都沿 Z 轴方向下移板厚距离 H，以顶面相同的半径画弧，即完成圆角的作图，如图 3-48（d）所示。注意，要画上两圆弧的公切线。

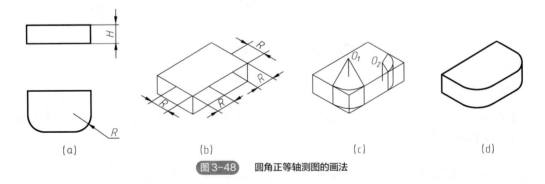

图 3-48　圆角正等轴测图的画法

（5）圆的正等轴测图的画法

在画圆柱、圆锥等回转体的轴测图时，关键是解决圆的轴测投影的画法。图 3-49 表示一个正立方体在正面、顶面和左侧面上分别画有内切圆的正等轴测图。

由图 3-49 可知，每个正方形都变成了菱形，而内切圆变为椭圆并与菱形相切，切点仍在各边的中点。由此可见，平行于坐标面的圆的正等轴测图都是椭圆，椭圆的短轴方向与相应菱形的短对角线重合，即与相应的轴测轴方向一致，该轴测轴就是垂直于圆所在平面的坐标轴的投影，长轴则与短轴相互垂直。如水平圆的投影椭圆的短轴与 Z 轴方向一致，而长轴则垂直于短轴。若轴向变形系数采用简化系数，所得椭圆长轴等于 $1.22d$，短轴约等于 $0.7d$。

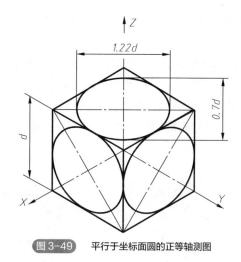

图 3-49　平行于坐标面圆的正等轴测图

以直径为 d 的水平圆为例，说明正等轴测投影椭圆的近似画法（四心法或称菱形法）：

① 过圆心 O 作坐标轴并作圆的外切正方形，切点为 A、B、C、D，如图 3-50（a）所示。

② 作轴测轴及切点的轴测投影，过切点 A_1、B_1、C_1、D_1 分别作 X_1、Y_1 轴的平行线，相交成菱形（即外切正方形的正等轴测图）；菱形的对角线分别为椭圆长、短轴，如图 3-50（b）所示。

③ 1、2 点为菱形顶点，连接 $2A_1$、$2D_1$，交长轴于 3、4 点，则 1、2、3、4 为圆心，如图 3-50（c）所示。

④ 分别以 1、2 为圆心，以 $1B_1$（或 $2A_1$）为半径画大圆弧 B_1C_1、A_1D_1，以 3、4 为圆心，以 $3A_1$（或 $4B_1$）为半径画小圆弧 A_1C_1、B_1D_1，如此连成近似椭圆，如图 3-50（d）所示。

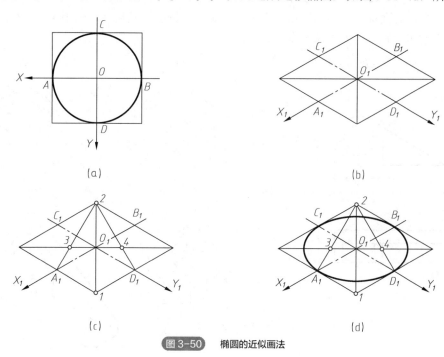

图 3-50　椭圆的近似画法

（6）圆柱的正等轴测图的画法

如图 3-51（a）所示，取顶圆中心为坐标原点，建立直角坐标系，并使 Z 轴与圆柱的轴线重合，其作图步骤如下：

① 作轴测轴，用近似画法画出圆柱顶面的近似椭圆，再把连接圆弧的圆心沿 Z 轴方向下移 H，以顶面相同的半径画弧，作底面近似椭圆的可见部分，如图 3-51（b）所示；

② 过两长轴的端点作两近似椭圆的公切线，如图 3-51（c）所示；

③ 擦去多余的线并描深，得到完整的圆柱体的正等轴测图，如图 3-51（d）所示。

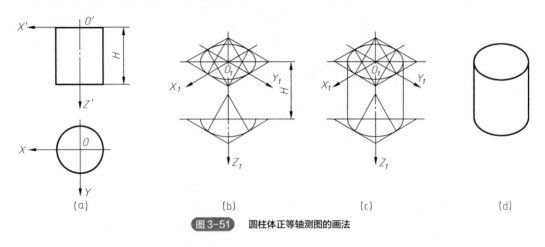

图 3-51 圆柱体正等轴测图的画法

（7）组合体的正等轴测图的画法

如图 3-52 所示，首先根据该组合体的三视图，对其进行形体分析，明确该组合体是由底板、圆柱体和肋板组合而成的，然后按组合形体依次画图。圆孔、圆角一般先不考虑，待主要形体完成后，再逐步加画，作图方法及步骤如下：

① 在正投影图上选定坐标轴，如图 3-52（a）所示。

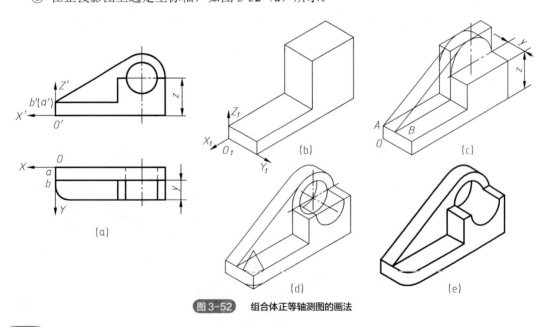

图 3-52 组合体正等轴测图的画法

② 作轴测轴，画底板和右面长方体的主要轮廓，如图 3-52（b）所示。

③ 根据 y、z 坐标，切割掉右前方的小长方体；画后部分的近似椭圆；过 A 点作 AB∥OY，取 AB=ab，过 A、B 分别作近似椭圆的公切线，如图 3-52（c）所示。

④ 画圆孔和底板圆角，如图 3-52（d）所示。

⑤ 擦去作图线，加深，得该组合体的正等轴测图，如图 3-52（e）所示。

3.7　组合体的建模

创建模型的过程可以分为：创建草图，标注尺寸，应用几何关系；选择适当特征及最佳特征，确定特征的应用顺序。

[**例 3-6**]　空心圆柱的相贯（工程上三通模型）。

分析：该立体比较简单，只是在一个空心圆柱基本体上打了一个直径与空心圆柱内径相同的孔，如图 3-53 所示。

① 打开 SolidWorks 软件，点击"新建文件"—"零件"按钮。

② 以"前视基准面"为草图平面，画两个同心圆，如图 3-54 所示，退出草图。

③ 点击"特征"—"拉伸凸台"，两侧对称，设置拉伸长度为 120，如图 3-55 所示，点击"确定"得图 3-56。

④ 以"上视基准面"为草图平面，如图 3-57 所示画出草图。点击"特征"—"拉伸凸台"，设置拉伸长度为 50，如图 3-58 所示。

⑤ 以"上视基准面"为草图平面，画出草图；点击"特征"—"拉伸切除"按钮，点击"确定"，图 3-59 为所需立体。图 3-60 是相贯体的剖视图。

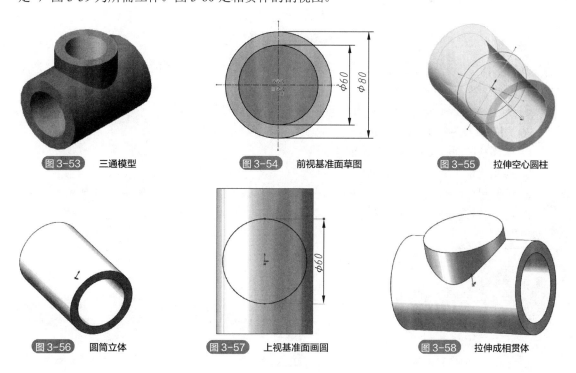

图 3-53　三通模型　　图 3-54　前视基准面草图　　图 3-55　拉伸空心圆柱

图 3-56　圆筒立体　　图 3-57　上视基准面画圆　　图 3-58　拉伸成相贯体

图 3-59　空心圆柱相贯

图 3-60　相贯体剖视图

[例 3-7]　按照二维图形生成零件，如图 3-61 所示。

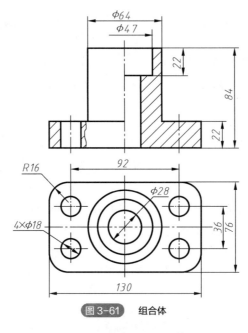
图 3-61　组合体

分析：该零件可分为底板、圆角、底板的 4 个孔、圆柱、圆柱内的阶梯孔等几部分，造型过程将按照零件的组成特点进行。

① 打开 SolidWorks 软件，点击"新建文件"—"零件"按钮。

② 用特征拉伸工具生成底板：

a. 选择基准面：上视基准面，正视。

b. 绘制矩形工具：画中心矩形。

c. 智能尺寸：标注定形尺寸，双击尺寸数字，修改长 130，宽 76，如图 3-62 所示。

d. 特征拉伸：选择"给定深度"22，注意拉伸方向，如图 3-63 所示。单击 √ 结束。

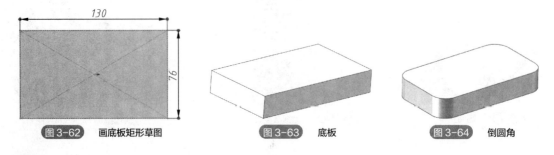

图 3-62　画底板矩形草图　　　图 3-63　底板　　　图 3-64　倒圆角

③ 圆角：选择需要圆角的棱线，输入半径为16，如图3-64所示。

④ 特征拉伸切除增加4个圆孔：

a. 选择基准面：底板的上面，正视于。在左下角位置草图绘制圆，标注圆的直径尺寸18；绘制中心线，添加几何约束对称，用定位尺寸定位圆，如图3-65所示。

b. 拉伸切除，生成4个圆柱孔，如图3-66所示。

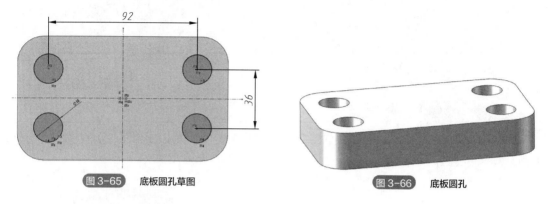

图3-65　底板圆孔草图　　　　图3-66　底板圆孔

⑤ 特征生成圆柱、圆柱内的阶梯孔：

a. 基准面为底板上面，以中心线交点为圆心画圆，直径为64，拉伸高度为62，如图3-67所示。

b. 异形孔向导，选择直孔，自定义直径大小为28，选择"完全贯通"；位置中按照提示"为孔中心选择平面上的一位置"，在圆柱顶面单击，单击√结束。注意，孔的中心点是选择面时鼠标单击的位置。

c. 与前相似，孔的终止条件为"给定深度"，深度为22，直径为47；编辑草图定位孔心，与 $\phi 28$ 的圆同心，如图3-68所示。

[例3-8] 按照二维图形生成零件，如图3-69所示。

图3-67　生成圆柱　　　　图3-68　生成圆柱孔　　　　图3-69　组合体

该立体可以看作是由一块底板、一个圆柱以及一个带有通孔的长半圆柱体组合后，在顶部打出通孔的组合体。

① 打开SolidWorks，点击"新建"—"零件"，以"上视基准面"为草图平面，作草图如图3-70所示。

② 点击"特征"—"拉伸凸台",设定拉伸长度为14,点击"确定",得如图3-71所示的立体。

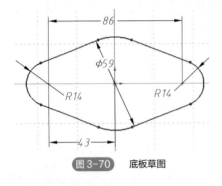

图3-70　底板草图

图3-71　拉伸

③ 以图3-71中立体的上表面为草图平面,绘制如图3-72所示的草图。点击"特征"—"拉伸凸台",设定拉伸长度为55,点击"确定",得如图3-73所示的立体。

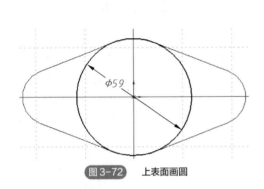

图3-72　上表面画圆

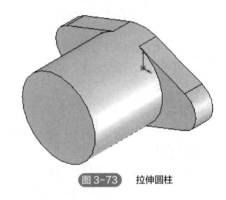

图3-73　拉伸圆柱

④ 以"前视基准面"为草图平面,绘制如图3-74所示的草图。点击"特征"—"拉伸凸台",设定拉伸方式为两侧对称,拉伸长度为59,点击"确定",得如图3-75所示立体。

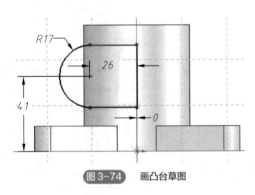

图3-74　画凸台草图

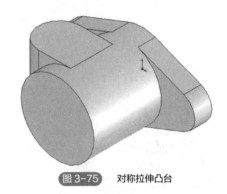

图3-75　对称拉伸凸台

⑤ 以第4步所成形的长半圆柱体的前表面为草图平面,作如图3-76所示的草图。单击"特征"—"拉伸切除",设定切除方式为"完全贯穿",点击"确定",得如图3-77所示立体。

⑥ 以第3步所成形的圆柱的上表面为草图平面,作图如图3-78所示。点击"特征"—"拉伸切除",设定切除方式为"完全贯穿",点击"确定",得如图3-79所示立体。

⑦ 以底板的上表面为草图平面,作草图如图3-80所示(利用添加几何关系的方法确定两孔的位置)。点击"特征"—"拉伸切除",设定切除方式为"完全贯穿",点击"确定",得如

图 3-81 所示最终成形的立体。

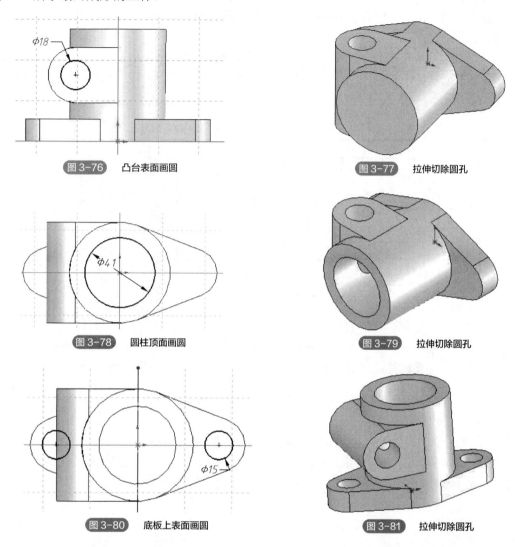

图 3-76 凸台表面画圆

图 3-77 拉伸切除圆孔

图 3-78 圆柱顶面画圆

图 3-79 拉伸切除圆孔

图 3-80 底板上表面画圆

图 3-81 拉伸切除圆孔

[例 3-9] 按照图中尺寸生成零件，如图 3-82 所示。

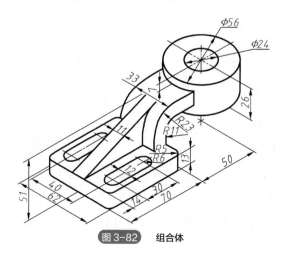

图 3-82 组合体

分析：该立体比较复杂，由一块底板、一个圆筒、底板和圆筒之间的连接板，以及一块肋板共同组合而成。由于底板的水平对称面与圆筒水平对称面属于平行关系，所以圆筒的造型需要参考面。

① 打开 SolidWorks，以"上视基准面"为草图平面，绘制草图如图 3-83 所示（利用对称关系，确定两长圆孔的位置）。点击"特征"—"拉伸凸台"，设定拉伸长度为 13，点击"确定"得如图 3-84 所示的立体。

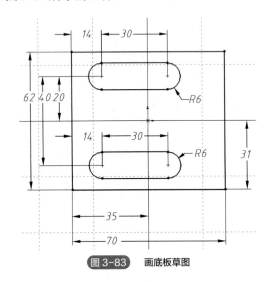
图 3-83　画底板草图

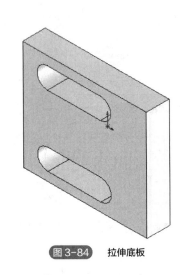
图 3-84　拉伸底板

② 点击"特征"—"圆角"，设定圆角半径为 5，四条棱边为修改对象，点击"确定"得如图 3-85 所示的立体。

③ 以第②步所得立体的上表面为草图平面，作草图如图 3-86 所示。以"上视基准面"为草图平面，作草图如图 3-87 所示。点击"特征"—"扫描"，设定"扫描轮廓"为图 3-86 中所作草图、"扫描路径"为图 3-87 所作草图，点击"确定"得如图 3-88 所示立体。

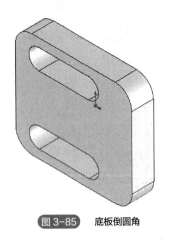
图 3-85　底板倒圆角

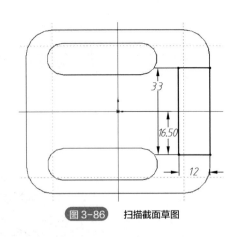
图 3-86　扫描截面草图

④ 下拉菜单"插入/参考几何体/基准面"，设定参考对象为"前视基准面"，距离为 38，点击"确定"得如图 3-89 所示的基准面。

⑤ 以第④步所得基准面为草图平面，作草图如图 3-90 所示。点击"特征"—"拉伸凸台"，

设定拉伸方式为"双向拉伸",拉伸长度为26,点击"确定"得如图3-91所示的立体。

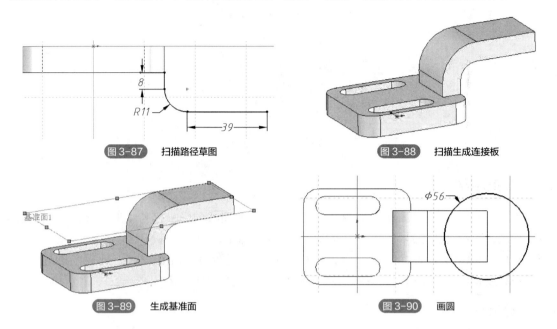

图3-87　扫描路径草图　　　　图3-88　扫描生成连接板

图3-89　生成基准面　　　　图3-90　画圆

⑥ 以第⑤步得到的圆柱的上表面为草图平面,绘制草图如图 3-92 所示。点击"特征"—"拉伸切除",设定切除方式为"完全贯穿",点击"确定"得如图3-93所示立体。

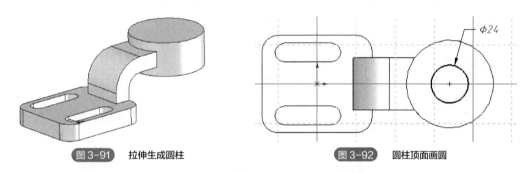

图3-91　拉伸生成圆柱　　　　图3-92　圆柱顶面画圆

⑦ 以"上视基准面"为草图平面,绘制如图3-94所示的草图。点击"特征"—"筋",设定拉伸厚度为11,拉伸方向为"水平拉伸"(第一选项),并选定"反转材料边"选项,点击"确定"得如图3-95所示立体。

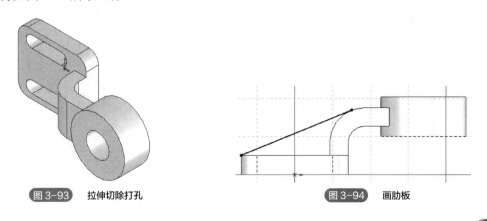

图3-93　拉伸切除打孔　　　　图3-94　画肋板

图 3-95　完成的组合体

本章小结

本章主要介绍相贯线的形成、性质及工程意义；相贯线的影响因素及变化规律；相贯线的具体作图方法；组合体的组合形式及表面关系；组合体的投影特性和组合体视图的画法。利用形体分析法和线面分析法将组合体分拆为基本体或简单体，并逐个画出其三视图，最后根据表面关系完成整个组合体的三视图以及利用成图技术生成组合体及其视图。

思考题

1. 求作立体相贯视图时应注意哪些内容？
2. 辅助平面法与表面取点法的区别是什么？
3. 如何应用形体分析法和面形分析法分析形体？
4. 组合体相对位置关系如何判别？
5. 三维建模中有几种方式建立基准面？

第 4 章

图 样 画 法

思维导图

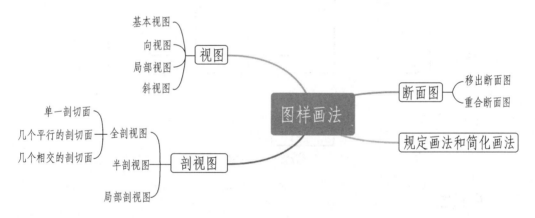

学习目标

1. 分析物体的形状特点，即分析物体的内部和外部、整体和局部等关系，根据物体的结构特点选取合适的表达方法；
2. 掌握剖视图、断面图的规律和标注内容；
3. 学会利用成图技术生成物体的表达方案。

工程图样应采用正投影法绘制，并优先采用第一角画法。绘制工程图样时，应首先考虑看图方便。根据物体的结构特点，选用适当的表示方法。在完整、清晰地表示物体形状的前提下，力求制图简便。

表达物体信息量最多的那个视图应作为主视图，通常是物体的工作位置或安装位置。当需

要其他视图(包括剖视图和断面图)时,应遵循下面原则:
① 在明确表示物体的前提下,使视图(包括剖视图和断面图)的数量为最少;
② 尽量避免使用虚线表达物体的轮廓及棱线;
③ 避免不必要的细节重复。

4.1 视图

视图通常有基本视图、向视图、局部视图和斜视图。

4.1.1 基本视图

基本视图是物体向基本投影面投射所得的视图。六个视图的配置关系见图 4-1。在同一张图纸内按图 4-1 配置视图时,可不标注视图的名称。

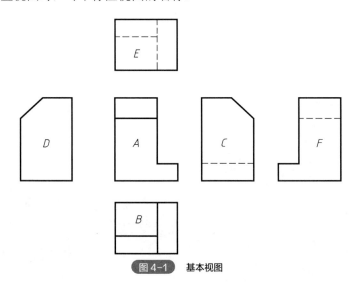

图 4-1　基本视图

4.1.2 向视图

向视图是可以自由配置的视图。

在向视图的上方标注 "*X*"("*X*" 为大写的拉丁字母),且在相应的视图附近用箭头指明投影方向,并注上相同的字母,如图 4-2 所示。

4.1.3 局部视图

局部视图是将物体的某一部分向基本投影面投射所得的视图。

局部视图的断裂边界用波浪线表示,如图 4-3 中 A 向局部视图。当所表达的局部结构是完整的,且外轮廓又呈封闭时,波浪线可以省略,如图 4-3 中 B 向局部视图。局部视图的标注方法与向视图相同。局部视图一般可按基本视图的形式配置,中间没有其他图形隔开时,可省略标注,如图 4-3 中俯视图方向的局部视图,也可以按向视图的形式配置并标注。

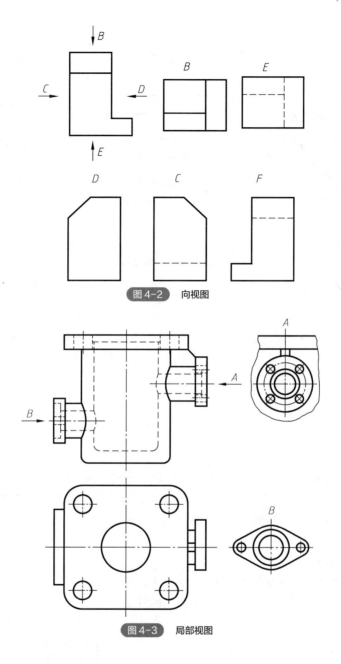

图4-2 向视图

图4-3 局部视图

4.1.4 斜视图

斜视图是物体向不平行于基本投影面的平面投射所得的视图。

图4-4中物体右侧结构倾斜于基本投影面，在基本投影面上投影就不能反映该结构的实形。这时，可用更换投影面的方法，增设一个与右侧的倾斜结构平行且垂直于基本投影面的辅助投影面 P，并在该投影面上作出反映倾斜部分实形的投影，所得的视图称为斜视图。如图4-4（b）中的 A 向斜视图，表示了机件右侧倾斜结构的真实形状。

斜视图一般只表达倾斜部分的局部形状，其余部分不必全部画出，可用波浪线断开。斜视图必须标注，标注方法与向视图相同。注意表示斜视图名称的大写拉丁字母字头应该朝上。

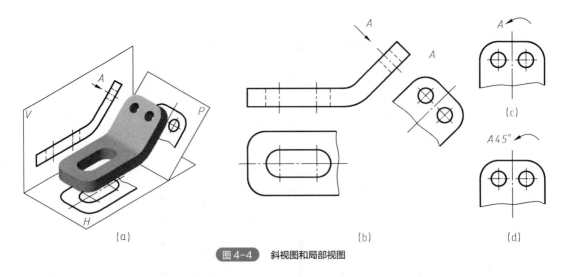

图 4-4　斜视图和局部视图

斜视图最好如图 4-4（b）那样按投影关系配置，必要时也可以平移到其他适当地方。在不引起误解时，允许将图形旋转，其标注形式如 4-4（c）所示，表示该视图名称的大写拉丁字母应靠近旋转符号的箭头端，需给出旋转角度时，角度应注写在字母之后，如图 4-4（d）所示。图 4-4 中的（c）和（d）为斜视图的另外两种表示形式，可以用来替换图 4-4（b）中的斜视图 A 来表达机件的倾斜结构。

4.2　剖视图

假想用剖切面剖开物体，将处在观察者与剖切面之间的部分移去，而将其余部分向投影面投射所得到的图形就称为剖视图（简称剖视）。剖视图主要用来表达机件的内部结构形状。

根据物体的结构特点，可选择以下剖切面剖开物体：

① 单一剖切面；
② 几个平行的剖切平面；
③ 几个相交的剖切面（交线垂直于某一投影面）。

剖视图可分为全剖视图、半剖视图、局部剖视图。

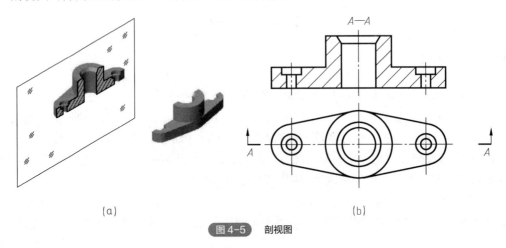

图 4-5　剖视图

剖切面与物体接触的部分，称为断面，如图 4-5（a）所示。为区别剖到和未剖到的部分，要在剖到的实体部分，即断面中画上剖面符号，如图 4-5（b）所示。国家标准 GB/T 4457.5—2013《机械制图 剖面区域的表示法》规定了各种材料剖面符号的画法，见表 4-1。

表 4-1 剖面符号

材料名称	剖面符号	材料名称	剖面符号
金属材料（已有规定剖面符号者除外）	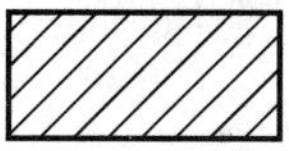	砖	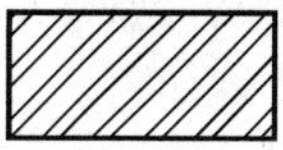
线圈绕组元件	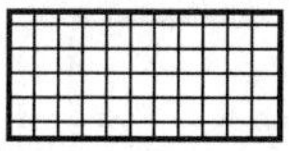	玻璃及供观察用的其他透明材料	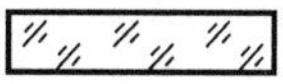
转子、电枢、变压器和电抗器等的叠钢片	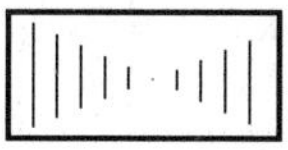	液体	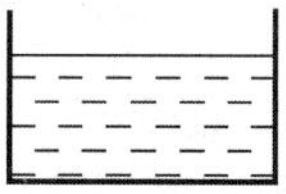
型砂、填砂、粉末冶金、砂轮、陶瓷刀片、硬质合金刀片等	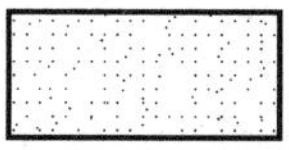	非金属材料（已有规定剖面符号者除外）	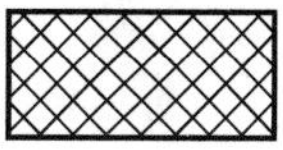

注：1. 剖面符号仅表示材料的类别，材料的名称和代号必须另行注明。

2. 叠钢片的剖面线方向，应与束装中叠钢片的方向一致。

3. 液面用细实线绘制。

在绘制剖视图时，应注意下面几个问题：

① 剖面符号。金属材料的剖面线用与图形的主要轮廓线或剖面区域的对称线成 45°的相互平行且间距相等的细实线画出，同一物体的各个剖视图的剖面线应统一。当剖面线与图形主要轮廓线平行时，可将剖面线画成与主要轮廓线成 30°或 60°的平行线，其倾斜方向仍与其他图形的剖面线方向相同。

② 剖切假想性。剖切是假想的，虽然物体的某个视图画成剖视图，但物体仍然是完整的，物体的其他图形在绘制时不受其影响。

③ 剖切位置。画剖视图的目的在于能够清楚真实地表达机件的内部结构形状，避免剖切后产生不完整的结构要素。剖切平面通常平行于投影面，且通过机件上孔、槽的轴线或对称面。

④ 标注剖视图。为了便于看图，在画剖视图时，应将剖切位置、投影方向和剖视图名称标注在相应的视图上。标注的内容有下列三项：

剖切符号——指示剖切面起、迄和转折位置。在剖切面的起、迄和转折处画上短的粗实线（线宽 1~1.5b，长 5~10mm），但尽可能不要与图形的轮廓线相交。

投影方向——表示剖切后的投影方向，画在剖切符号的两端。

视图名称——在剖视图上方注写剖视图名称"$X—X$"（"X"为大写的拉丁字母）。为便于读图时查找，在剖切符号附近注写相同的字母。如果在同一张图上，同时有几个剖视图，则其名称应按字母顺序排列，不得重复。

但是在下列情况，剖视图的标注内容可以简化或省略：

a. 当剖视图按投影关系配置，中间又没有其他图形隔开时，可以省略箭头。

b. 当剖切平面与机件的对称平面完全重合，且剖切后的剖视图按投影关系配置，中间又没有其他图形隔开时，可以完全省略标注。

下面介绍几种常用的剖视图。

（1）用平行于某一基本投影面的单一平面剖切

1）全剖视图

用剖切面完全地剖开机件所得的剖视图叫全剖视图。全剖视图主要用于外形简单、内形比较复杂的不对称机件或不需表达外形的对称机件，如图4-6所示。

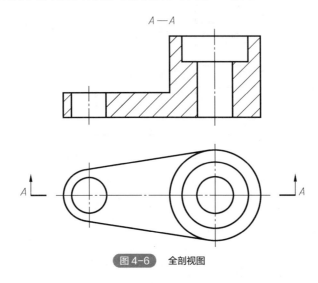

图4-6　全剖视图

2）半剖视图

当机件结构对称，且内外结构较复杂时，为了既能表达内形又能表达外形，可以采用外形视图和内部剖视图各画一半的组合图形，以对称中心线为界，一半画成剖视图，另一半画成视图，这样的图形叫作半剖视图，如图4-7所示。

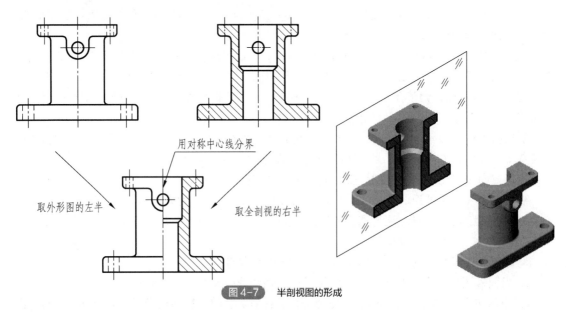

图4-7　半剖视图的形成

图4-8所示的主视图和俯视图都采用半剖视图，由于图形对称，机件的内形已在半剖视图

中表达清楚,所以在表达外形的半个视图中,虚线应省略不画。半剖视图的标注与全剖视图相同。

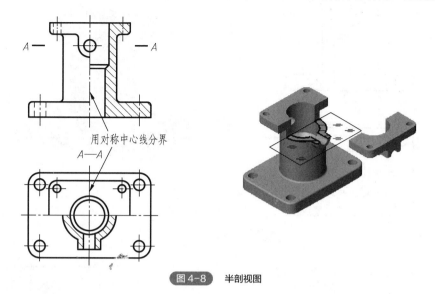

图 4-8　半剖视图

在半剖视图中,对于不完整的内、外对称结构标注尺寸时,仍按完整的结构尺寸标注,这时允许用一个箭头,但尺寸线应略超过对称轴线,如图 4-9 所示。

3)局部剖视图

用剖切面局部地剖开机件所得的剖视图称为局部剖视图。

局部剖视图一般用于表达机件局部内形,或用于不宜采用全剖视图、半剖视图的机件。

如图 4-10 所示,主视图中的局部剖视图,用以表达机件上顶板和下底板上通孔结构。注意两个位置的局部剖视图选用的是不同的剖切平面。

如图 4-10 所示主俯视图,因前后和左右都不对称,为了使机件的内外部表达清楚,它的两个视图都不宜采用全剖或半剖视图来表达,应采用局部视图。

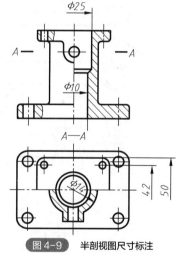

图 4-9　半剖视图尺寸标注

局部剖切范围的大小,视机件的具体结构而定。图 4-11 所示主视图剖切机件的部分较大,而俯视图只剖切了较小部分。

图 4-12 所示机件,虽有对称平面,但轮廓线与对称中心线重合,不宜采用半剖视图。为了表达中间棱线的内外层次,可用局部剖切范围的大小来处理。图 4-12(a)表明棱线在内,剖切范围应大于一半;图 4-12(b)表明机件内外都有棱线,上部可以多剖些,下部少剖些;图 4-12(c)表明棱线在外,剖切范围可小于一半。

局部剖视图的标注与全剖视相同。当单一剖切平面位置明显时,可省略标注;当剖切平面位置不明显时,必须标注剖切符号、投影方向和剖视图的名称。

局部剖视图用波浪线分界。波浪线不能超出轮廓线,不能与图形中其他图线重合,不要画在其他图线的延长线上,也不能穿空而过,如图 4-13 所示。

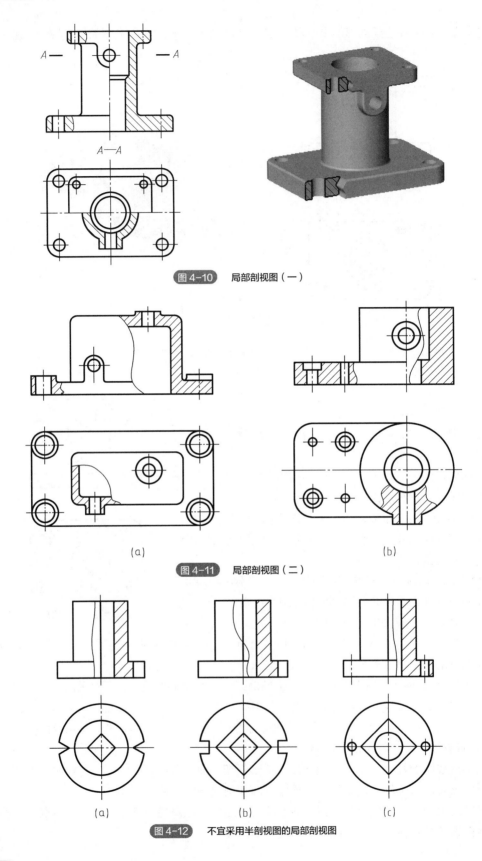

图 4-10 局部剖视图（一）

(a) (b)

图 4-11 局部剖视图（二）

(a) (b) (c)

图 4-12 不宜采用半剖视图的局部剖视图

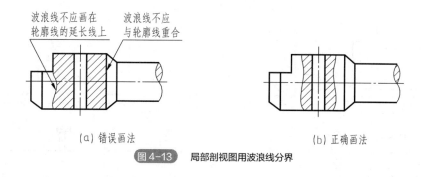

图 4-13　局部剖视图用波浪线分界

（2）用几个剖切平面剖切

1）用两相交的剖切平面（交线垂直于某一基本投影面）剖切

采用这种剖切方法时，首先把被剖切的倾斜部分旋转到与选定的基本投影面平行，然后进行投影，这样可以使剖视图既反映实形又便于画图，如图 4-14 所示。在剖切平面后的其他结构一般仍按原来位置投影，如图 4-14 中小油孔的投影。当剖切后产生不完整要素时，应将该部分按不剖画出，如图 4-15 所示。

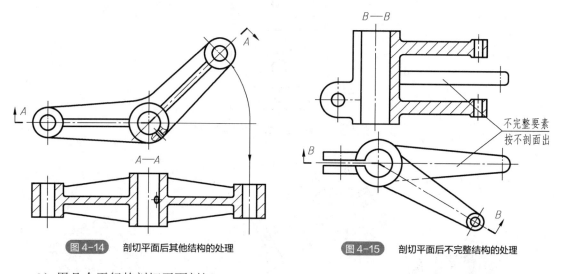

图 4-14　剖切平面后其他结构的处理　　图 4-15　剖切平面后不完整结构的处理

2）用几个平行的剖切平面剖切

在平行的剖切平面剖得的剖视图中，各剖切平面剖切后所得的剖视图是一个图形，不应在剖视图中画出两个剖切平面转折处的投影，如图 4-16（a）所示。在剖视图上也不应出现不完整的结构要素，如图 4-16（b）所示。剖切位置线的转折处不应与视图上的轮廓线重合。

仅当两个要素在图形上具有公共中心线或轴线时，才可以出现不完整要素，这时应各画一半，并以对称中心轴线为界，如图 4-17 所示。

（3）用不平行任何基本投影面的单一剖切平面剖切

对于机件上倾斜部分的内部结构，可以用与基本投影面倾斜并且平行于机件倾斜部分的平面剖切，再投影到与剖切平面平行的投影面上，得到由单一斜剖切平面剖切的全剖视图，如图 4-18 所示。单一斜剖切平面剖得的剖视图最好配置在与基本视图的相应部分保持直接投影关系的地方，如图 4-18（b）所示。必要时可以平移到其他适当地方，如图 4-18（c）所示。在不致引起误解时，也允许将图形旋转，其标注形式如图 4-18（d）所示。

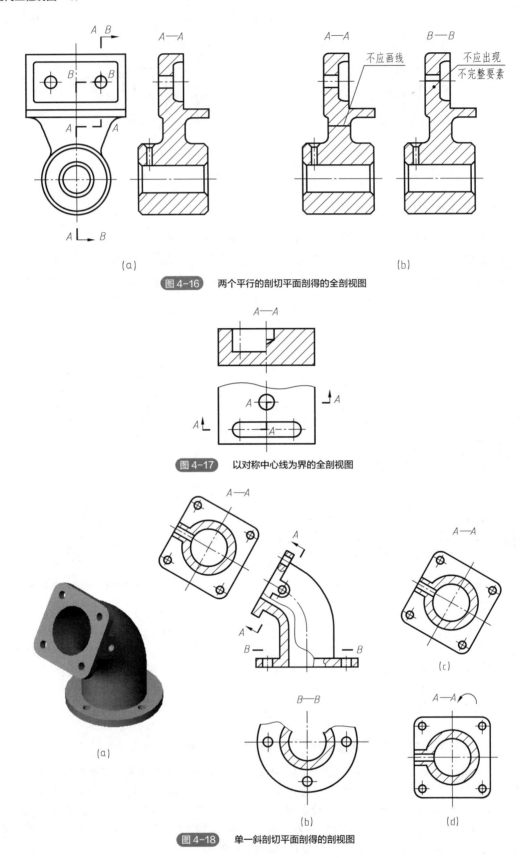

图 4-16 两个平行的剖切平面剖得的全剖视图

图 4-17 以对称中心线为界的全剖视图

图 4-18 单一斜剖切平面剖得的剖视图

4.3 断面图

断面图主要用来表达机件某部分断面的结构形状。

4.3.1 断面图的概念

假想用剖切面把机件的某处切断，仅画出该剖切面与机件接触部分即断面的图形，此图形称为断面图，简称为断面。

断面图与剖视图的区别在于：断面图只画出剖切面和机件相交部分的断面形状，而剖视图则须把断面和断面后可见的轮廓线都画出来，如图 4-19 所示。机件上的肋、轮辐、轴上的键槽和孔等结构常采用断面来表达。

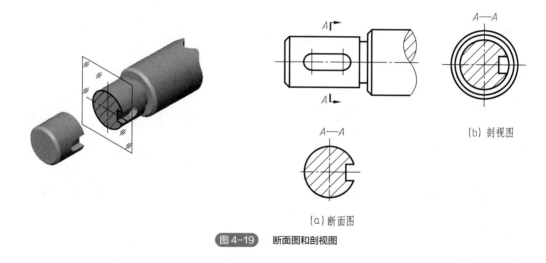

图 4-19　断面图和剖视图

4.3.2 断面的种类

根据断面在绘制时所配置的位置不同，断面可分为移出断面和重合断面两种。

（1）移出断面

画在视图轮廓线以外的断面，称为移出断面。

移出断面的轮廓线用粗实线表示，并应尽量配置在剖切线或剖面符号的延长线上，如图 4-20（a）所示。剖切线是剖切平面与投影面的交线，用细点画线表示。必要时也可将移出断面配置在其他适当的位置，如图 4-20（b）（c）所示。

画移出断面时，应注意以下几点：

① 一般情况下，在画断面时只画出剖切后的断面形状，但当剖切平面通过机件上回转面形成的孔或凹坑的轴线时，这些结构按剖视画出，如图 4-20（a）～（c）所示。

② 当剖切平面通过非圆孔会导致出现完全分离的两个断面时，这样的结构也应按剖视画出，如图 4-21 所示。

③ 如图 4-22 所示，为了表示机件两边倾斜的肋的断面的真实形状，应使剖切平面垂直于

轮廓线。由两个或多个相交的剖切平面剖切得出的移出断面，中间一般应断开，中间部分以波浪线断开。

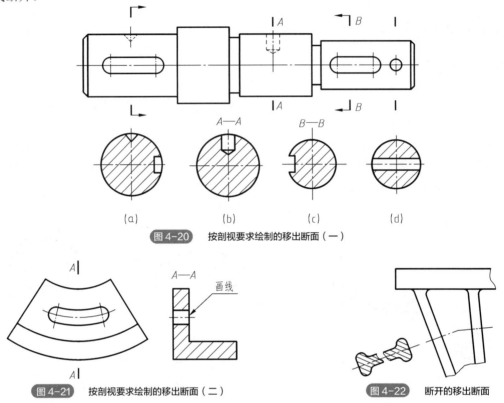

图 4-20　按剖视要求绘制的移出断面（一）

图 4-21　按剖视要求绘制的移出断面（二）

图 4-22　断开的移出断面

（2）重合断面

画在视图轮廓线内部的断面，称为重合断面。图 4-23、图 4-24 都是重合断面。

重合断面的轮廓线用细实线绘制，当视图的轮廓线与重合断面的图形线相交或重合时，视图的轮廓线仍要完整地画出，不可间断。

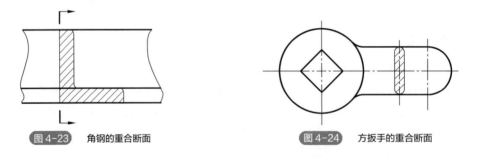

图 4-23　角钢的重合断面

图 4-24　方扳手的重合断面

（3）断面图的标注

断面的标注与剖视图的标注基本相同。用剖切符号表示剖切位置，用箭头表示投影方向，并注上字母"X"（"X"为大写的拉丁字母），在剖视图的正上方中间位置用同样的字母标出相应的名称"$X—X$"。

当以上的标注内容不注自明时，可部分或全部省略标注：

① 配置在剖切符号延长线上的不对称移出断面不必标注字母。

② 不配置在剖切符号延长线上的对称移出断面，以及按投影关系配置的移出断面，一般不必标注箭头。

③ 配置在剖切符号延长线上的对称移出断面，不必标注字母和箭头。

④ 不对称的重合断面可省略标注；对称的重合断面不必标注。

4.4 局部放大图、简化画法及其他规定画法

4.4.1 局部放大图

机件上一些局部结构过于细小，当用正常比例绘制时，这些结构的图形因过小而表达不清，也不便于标注尺寸，这时可采用局部放大图来表达。将机件上的部分结构采用放大的比例画出的图形称为局部放大图，如图4-25所示。

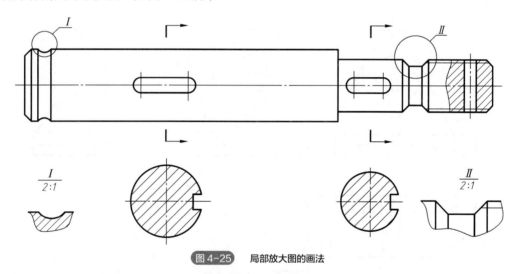

图4-25　局部放大图的画法

局部放大图可以画成视图、剖视图和剖面图，它与原图中被放大部分的表达方法无关。绘制局部放大图时，应用细实线圈出被放大的部位，并尽量画在被放大部位附近，在局部放大图上方标注所采用的比例。当机件上有几个放大部位时，必须用罗马数字顺序地注明，并在局部放大图的上方，标出相应的罗马数字及所采用的比例。

4.4.2 简化画法及其他规定画法

除前述的图样画法外，国家标准《技术制图》《机械制图》还列出了一些简化画法和其他规定画法。简化的原则如下：

a. 简化必须保证不致引起误解和不产生理解的多义性。在此前提下，应力求制图简便。

b. 便于识读和绘制，注重简化的综合效果。

c. 在考虑便于手工绘图及计算机绘图的同时，还要考虑缩微制图的要求。

本节综合择要介绍如下：

① 当机件具有若干相同结构（齿、槽等），并按一定规律分布时，只需画出几个完整的结构，其余用细实线连接，在零件图中则必须注明该结构的总数，见图4-26。

② 若干直径相同且成规律分布的孔（圆孔、螺孔、沉孔等），可以仅画出一个或几个。其余只需用点画线表示其中心位置，在零件图中应注明孔的总数，见图4-27。

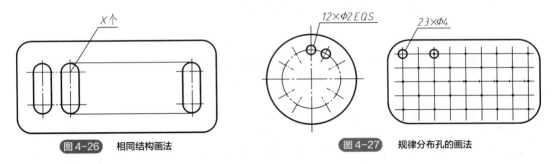

图4-26　相同结构画法　　　　　　　　图4-27　规律分布孔的画法

③ 对于机件的肋、轮辐及薄壁等，如按纵向剖切，这些结构都不画剖面符号，而用粗实线将它与其邻接的部分分开，如图4-28所示。

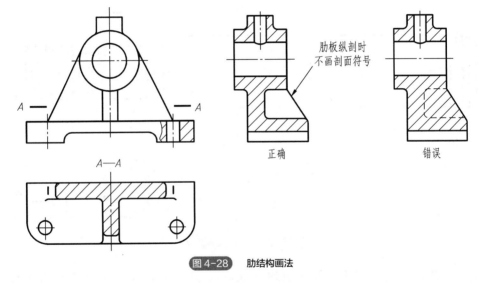

图4-28　肋结构画法

④ 当零件回转体上均匀分布的肋、轮辐、孔等结构不处于剖切平面上时，可将这些结构旋转到剖切平面上画出，如图4-29、图4-30所示。

⑤ 较长机件（如轴、杆、型材、连杆等）沿长度方向的形状一致或按一定规律变化时，可断开后缩短绘制，标注尺寸时应按实际尺寸标注，如图4-31所示。

⑥ 当需要表示位于剖切平面前的结构时，这些结构按假想投影的轮廓线绘制，以双点画线表示，如图4-32所示。

⑦ 在不致引起误解时，对于对称机件的视图也可只画出一半或四分之一，此时必须在对称中心线的两端画出两条与其垂直的平行细实线，如图4-33所示。

⑧ 当图形不能充分表达平面时，可用平面符号（相交的两细实线）表示，如图4-34所示。

⑨ 机件上斜度和锥度较小的结构，如在一个图形中已表达清楚时，其他图形可按小端画出，如图4-35、图4-36所示。

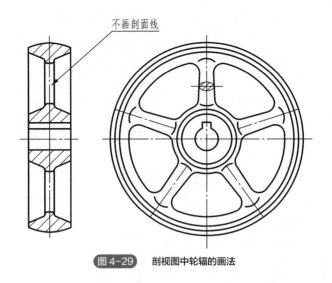

图 4-29 剖视图中轮辐的画法

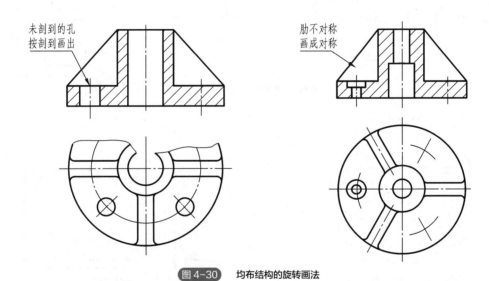

图 4-30 均布结构的旋转画法

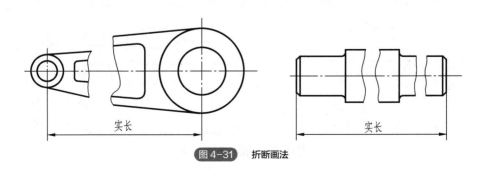

图 4-31 折断画法

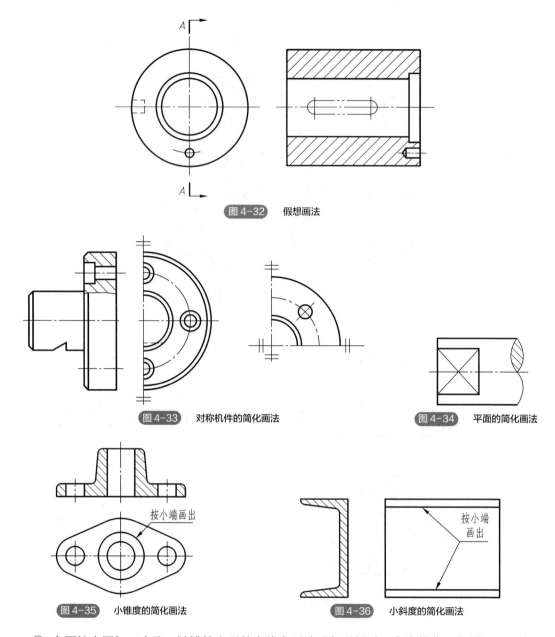

图 4-32　假想画法

图 4-33　对称机件的简化画法

图 4-34　平面的简化画法

图 4-35　小锥度的简化画法

图 4-36　小斜度的简化画法

⑩ 在圆柱上因加工小孔、键槽等出现的交线在不致引起误解时,允许简化,如图 4-37 所示。

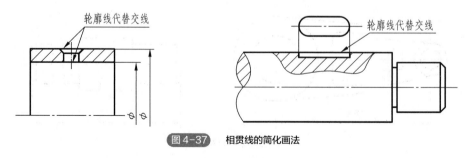

图 4-37　相贯线的简化画法

⑪ 与投影面倾斜角度小于或等于 30°的圆或圆弧,其投影可以用圆或圆弧代替真实投影的

椭圆，如图 4-38 所示。

⑫ 机件上有圆柱形法兰，其上有均匀分布的孔，可按图 4-39 形式表示。

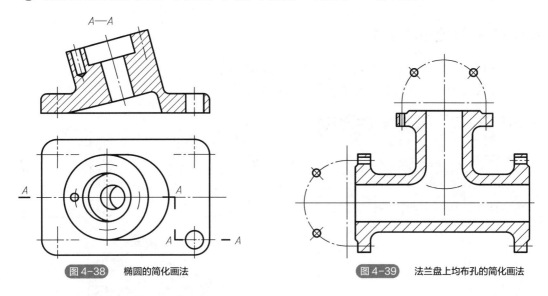

图 4-38　椭圆的简化画法　　　　　　　　图 4-39　法兰盘上均布孔的简化画法

4.5　计算机辅助生成二维工程图

计算机辅助工程图模块，是一个重要的并使用很广泛的模块，主要用于工程图样绘制和生成。工程图模块提供了最佳的图纸生成、标注和几何约束控制的功能。生成的工程图与造型环境的 3D 模型相关，当 3D 模型发生变化时，零件视图、尺寸和注释都将随之自动更新，这样就可大大节省图纸管理和维护的时间。

4.5.1　工程图环境

① 单击"新建"—"工程图"。
② 选择图纸大小和规格。
③ 选择工程图标准，单击"工具"—"选项"—"文档属性"—"绘图标准"，设置 GB 为绘图标准。
④ 选择工程图显示方式，单击"工具"—"选项"—"系统选项"—"工程图"—"显示类型"，进行显示设置。
⑤ 工程图尺寸标注设置，单击"工具"—"选项"—"文档属性"—"尺寸"，设置字体大小和箭头大小。
⑥ 设置图纸属性，右击工程图图纸，选择"属性"，设置投影比例和第一视角。
⑦ 工程图生成工具条如图 4-40 所示。

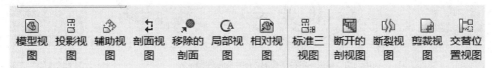

图 4-40　工程图生成工具条

⑧ 由模型视图，浏览选择要投影的模型，利用投影视图生成其他所需视图，然后利用剖面视图或局部视图等生成需要的视图。

4.5.2 各种视图的生成

① 模型视图——选择要投影的模型，如图 4-41 所示。
② 投影视图——生成其他所需视图，如图 4-42 所示。

图 4-41　模型视图对话框　　　　图 4-42　利用投影视图生成模型的基本视图

③ 在主视图选择剖切位置，移动后生成剖视左视图，如图 4-43 所示。

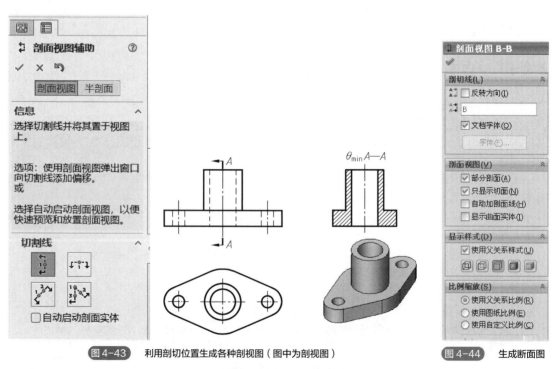

图 4-43　利用剖切位置生成各种剖视图（图中为剖视图）　　　图 4-44　生成断面图

④ 若只想显示断面则选取"只显示切面",如图 4-44 所示。

⑤ 局部放大图。在需要放大部位单击鼠标左键并拖动鼠标绘制一个圆,再次拖动鼠标将局部放大图放置到适当位置,修改放大比例,如图 4-45 所示。

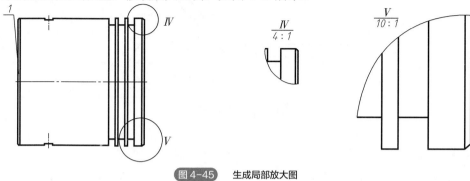

图 4-45　生成局部放大图

⑥ 局部剖视图——在需剖视部位用样条曲线绘制一封闭边界,输入剖切深度,如图 4-46 所示。

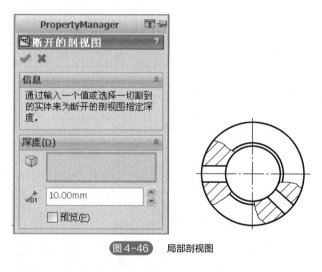

图 4-46　局部剖视图

⑦ 断裂视图——设置断裂线距离和断裂线形式,如图 4-47 所示。

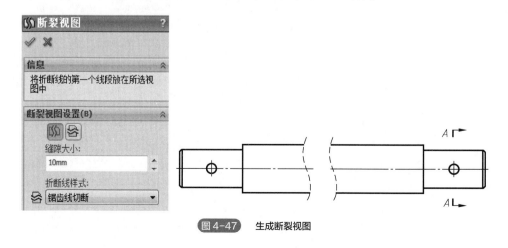

图 4-47　生成断裂视图

⑧ 辅助视图——生成具有倾斜特征的视图,如图 4-48 所示。

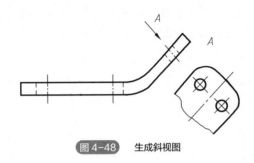

图 4-48　生成斜视图

 本章小结

本章主要讲述了表达机件的基本视图、向视图、局部视图、斜视图等。讲述表达机件内部结构的全剖视图、半剖视图、局剖视图等的作图方法和标注。利用先进成图技术实现机件内外形的表达方案。

 思考题

1. 仰视图、后视图的难点在哪里?
2. 全剖视图的重点在哪里?
3. 怎么选用各种视图?
4. 全剖视图、半剖视图、局剖视图作图方法区别在哪里?
5. 对于一个机件,怎样选用最优表达方案?

第 5 章

标准件和常用件

思维导图

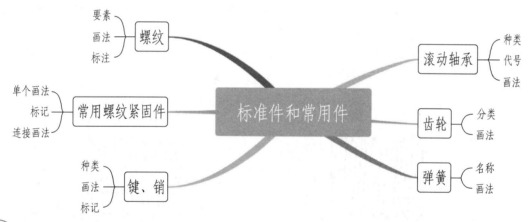

学习目标

1. 了解标准件和常用件的基本知识；
2. 掌握标准件和常用件的规定画法、标注方法和连接画法；
3. 学会计算机辅助调用标准件和绘制常用件。

在机器或部件中广泛使用的螺栓、螺母、齿轮、弹簧、滚动轴承、键、销等，其中有的在结构尺寸方面国家标准都做了统一的规定，称为标准件，如螺纹紧固件、键、销等。另一些零件，如齿轮、蜗轮、蜗杆等，它们的重要结构，部分主要参数也已系列化，符合国家标准的规定，称为常用件。

5.1 螺纹

（1）螺纹的形成

螺纹可看作是由一个平面图形（三角形、矩形、梯形等）绕一圆柱（或圆锥）做螺旋运动而形成的圆柱或圆锥螺旋体，具有相同剖面形状的连续凸起和凹槽。在圆柱（或圆锥）外表面上所形成的螺纹称外螺纹，如螺栓、螺钉上的螺纹；在圆柱（或圆锥）内表面上所形成的螺纹称内螺纹，如螺母、螺孔上的螺纹。

螺纹的加工方法很多，如车制、碾压及用丝锥、板牙等工具加工。对于直径较小的螺孔，一般先用钻头钻孔，再用丝锥攻螺纹，加工出内螺。对于大批量生产，为提高加工效率可采用滚压搓丝的方法制出螺纹，数控铣削加工在螺纹制造中也有广泛应用。

（2）螺纹的要素

① 螺纹牙型。螺纹牙型是指沿螺纹轴线剖切螺纹后得到的剖面形状。有三角形、梯形、锯齿形和方形等，螺纹的牙型不同，其用途也不同。

② 螺纹直径。如图 5-1 所示的大径 d（外螺纹）或 D（内螺纹），与外螺纹牙顶或内螺纹牙底相重合的假想圆柱面的直径，称为大径。与外螺纹牙底或内螺纹牙顶相重合的假想圆柱面的直径，称为小径。在大径与小径圆柱之间有一个假想圆柱，在其母线上螺纹牙型的沟槽和凸起宽度相等，该圆柱称为中径圆柱，其直径称为中径。中径圆柱上任意一条素线称为中径线。中径是控制螺纹精度的主要参数之一。公称直径：代表螺纹尺寸的直径称为公称直径，一般指螺纹大径。

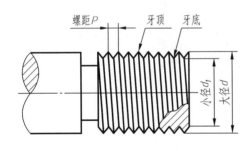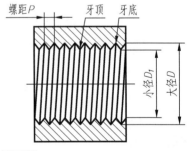

图 5-1　螺纹的牙型、大径、小径和螺距

③ 线数 n。螺纹有单线与多线之分，沿一条螺旋线生成的螺纹，称为单线螺纹；沿多条在圆柱轴向等距分布的螺旋线生成的螺纹，称为多线螺纹。

④ 导程 s 和螺距 P。螺纹相邻两牙在中径线上两对应点间的轴向距离称为螺距。同一条螺旋线上相邻两牙在中径线上对应两点间的轴向距离称为导程。单线螺纹的导程等于螺距，即 $s=P$；多线螺纹的导程等于线数乘以螺距，即 $s=nP$。双线螺纹，其导程等于螺距的两倍，即 $s=2P$。

⑤ 旋向。顺时针方向旋转时沿轴向旋入的螺纹，称为右旋螺纹；逆时针方向旋转时沿轴向旋入的螺纹，称为左旋螺纹。可用右手或左手螺旋规则判断螺纹的旋向。工程上右旋螺纹应用较多。

以上五项是螺纹的基本要素，改变其中一项，就会得到不同规格的螺纹。为了便于设计、制造和使用，国家标准对螺纹的牙型、大径、螺距都作了规定。内、外螺纹总是成对使用的，二者旋合在一起形成螺纹副。只有上述五项基本要素完全相同的内螺纹和外螺纹才能互相旋合，正常使用。

（3）螺纹的规定画法

画螺纹的真实投影比较麻烦，而螺纹是标准结构要素，为了简化作图，国家标准（GB/T 4459.1—1995）规定了在工程图样中螺纹的特殊画法。

① 外螺纹的画法如图 5-2（a）所示。

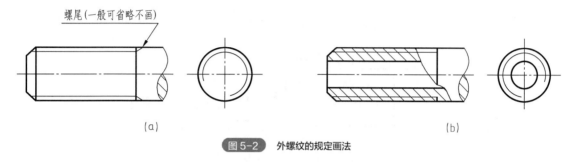

图 5-2　外螺纹的规定画法

a. 外螺纹的螺纹大径（即牙顶）用粗实线表示，螺纹小径（即牙底）用细实线表示，在螺杆的倒角或倒圆部分，表示牙底的细实线也应画出。完整螺纹的终止界线（简称螺纹终止线）用粗实线表示。作图时可近似地取螺纹小径 $d_1 \approx 0.85d$（d 为螺纹大径）。在投影为圆的视图上，螺纹大径用粗实线圆表示，螺纹小径用约 3/4 圈细实线圆弧表示，表示倒角的圆省略不画。

b. 当外螺纹加工在管子的外壁，需要剖切时，表示方法如图 5-2（b）所示。剖开部分，螺纹终止线只画出表示牙型高度的一小段，剖面线画到粗实线为止。

② 内螺纹的画法如图 5-3 所示。

a. 在剖视图中，螺纹小径（即牙顶）用粗实线表示；螺纹大径（即牙底）用细实线表示，要画入端部倒角处。在投影为圆的视图上，螺纹小径用粗实线圆表示，螺纹大径用约 3/4 圈细实线圆弧表示，剖面线画至表示螺纹小径的粗实线处为止，表示倒角的圆省略不画。

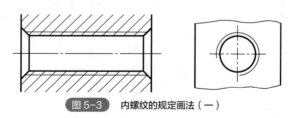

图 5-3　内螺纹的规定画法（一）

b. 绘制不穿通的螺孔时，一般应将钻孔深度与螺纹深度分别画出，螺纹终止线用粗实线表示。注意孔底按钻头锥角画成 120°，不需另行标注，如图 5-4 所示。不可见螺纹的所有图线用细虚线绘制。

③ 内、外螺纹连接的规定画法。图 5-5 为内外螺纹装配在一起的画法，特别注意以下两点：

a. 内外螺纹连接部分应按外螺纹绘制，其余部分仍按各自的画法绘制。

b. 在内外螺纹连接时，螺纹的基本要素必须相同，所以表示大、小径的粗实线和细实线应分别对齐，而与倒角的大小无关。

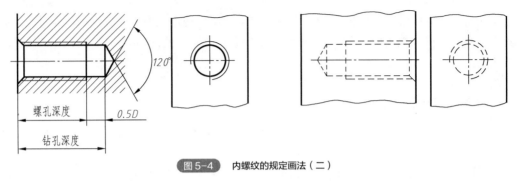

图 5-4　内螺纹的规定画法（二）

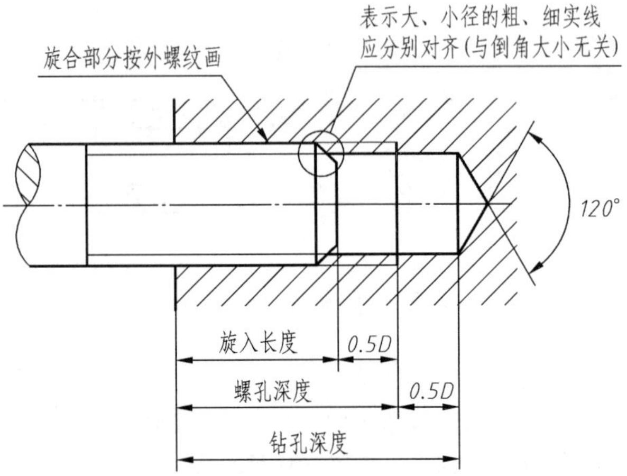

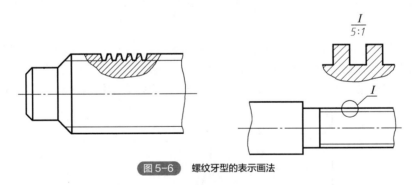

图 5-5　螺纹连接的规定画法

绘制非标准传动螺纹时，可用局部剖视图或局部放大图表示出几个牙型，如图 5-6 所示。

图 5-6　螺纹牙型的表示画法

（4）螺纹的规定标注

因为各种螺纹的画法都相同，为了区别不同种类的螺纹，国家标准规定标准螺纹用规定标记标注在公称直径上。

① 普通螺纹的规定标记（GB/T 197—2018）

螺纹特征代号　公称直径×细牙螺距-中径公差带代号顶径公差带代号-旋合长度代号-旋向

各项内容说明如下：

a. 普通螺纹的特征代号为"M"，分为粗牙和细牙两种，它们的区别在于相同大径下，细牙螺纹的螺距比粗牙的要小。

b. 单线螺纹的尺寸代号为"公称直径×螺距",粗牙普通螺纹不标螺距,细牙普通螺纹则需标出螺距。如"M8×1",表示公称直径为8mm、螺距为1mm的单线细牙螺纹。

　　c. 多线螺纹的尺寸代号为"公称直径×Ph 导程 P 螺距"。

　　d. 普通螺纹公差带代号包括中径与顶径公差带代号。外螺纹用小写字母表示,内螺纹用大写字母表示。当中径、顶径公差带代号相同时,只标注一个代号。例如,M10×1-5g6g,M10-6H。梯形螺纹和锯齿形螺纹只标注中径公差带代号。

　　e. 螺纹旋合长度分为长、中、短三种,其代号分别用字母 L、N、S 表示,中等旋合长度"N"一般不标注;特殊需要时,可直接注出旋合长度的数值。

　　f. 右旋螺纹不标旋向,左旋则标代号"LH",并将"-LH"注写在标记最后。

　　g. 普通螺纹、梯形螺纹、锯齿形螺纹都是米制螺纹,即公称直径以毫米(mm)为单位,在图样上的标注与一般线性尺寸的标注形式相同,直接标注在大径的尺寸线上或其延长线上。标注示例见表 5-1。

　　② 梯形螺纹和锯齿形螺纹。梯形螺纹和锯齿形螺纹的规定标记基本与普通螺纹相同,但是它们的标记中的公差带代号只标注中径公差带代号;旋向代号"LH"(左旋)注写在标记中间的螺距之后,且无须在 LH 之前加短横线;旋合长度只有 N,标注方法与普通螺纹相同。

　　③ 管螺纹的规定标注。管螺纹分为非螺纹密封的管螺纹和用螺纹密封的管螺纹。其规定标记为:

　　螺纹特征代号 尺寸代号 公差等级代号-旋向代号

　　各项内容说明如下:

　　a. 55°非密封内管螺纹,特征代号为"G"。

　　b. 尺寸代号用分数或整数的阿拉伯数字表示,它指的不是螺纹的大径,而是近似的管子通径,以英寸(in)为单位。管螺纹的大径等参数可以根据它的尺寸代号从标准中查得,其单位都已米制化处理(即单位为 mm)。

　　c. 对于外管螺纹,公差等级分 A、B 两级进行标注,对于内螺纹不分级,螺纹副仅需注出外螺纹标记。

　　d. 右旋螺纹不标旋向,左旋则标"LH"。

　　e. 管螺纹采用斜向引线标注法,斜向引线一端指向螺纹大径。

表 5-1　常用螺纹的种类及标注示例

标记示例	标注示例	说明
M12-6g		粗牙普通螺纹,公称直径 12mm,单线,中、顶径公差带代号相同,为 6g,中等旋合长度,右旋
M12×1.5-7H-S		细牙普通螺纹,公称直径 12mm,螺距 1.5mm,单线,中、顶径公差带代号分别为 7H,短旋合长度,右旋

续表

标记示例	标注示例	说明
Tr40×14（P7）LH-7H	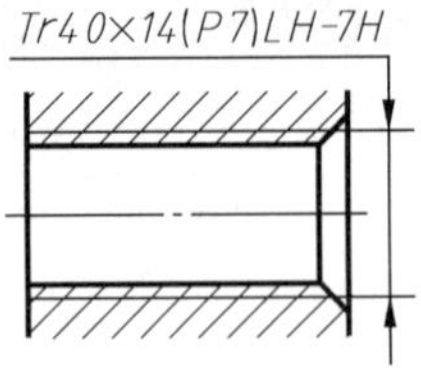	梯形螺纹，公称直径40mm，导程14mm，螺距7mm，双线，中径公差带代号为7H，中等旋合长度，左旋
B32×6-7e	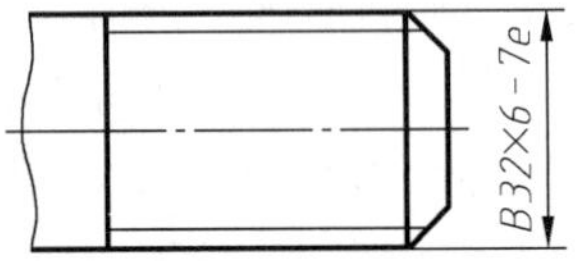	锯齿形螺纹，公称直径32mm，螺距6mm，单线右旋，中径公差带代号为7e，中等旋合长度
G1/2A	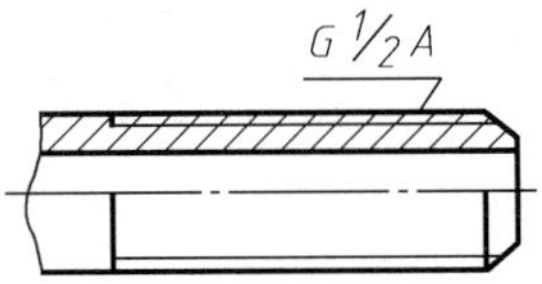	55°非密封管螺纹（外螺纹），尺寸代号为1/2in[①]、公差等级为A级，右旋

① 1in=25.4mm。

5.2 常用螺纹紧固件

（1）常用螺纹紧固件的规定标记

常用的螺纹紧固件有螺栓、双头螺柱、螺钉、螺母和垫圈等，它们的类型和结构形式很多，需要时，都可根据标记从有关标准中查得相应的尺寸，一般不需画出它们的零件图。一些常用螺纹紧固件及其标记方法见表 5-2。

表 5-2 常用螺纹紧固件及其标记方法

名称及视图	规定标记示例	标记说明
开槽盘头螺钉 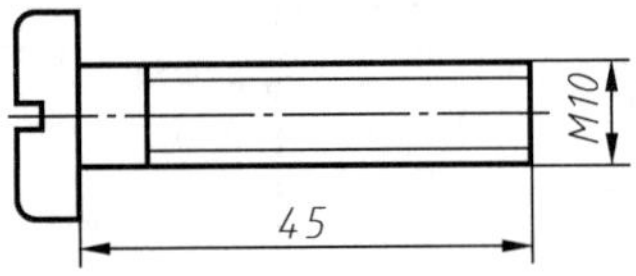	螺钉 GB/T 67 M10×45	开槽盘头螺钉，公称直径10mm，公称长度45mm
内六角圆柱头螺钉 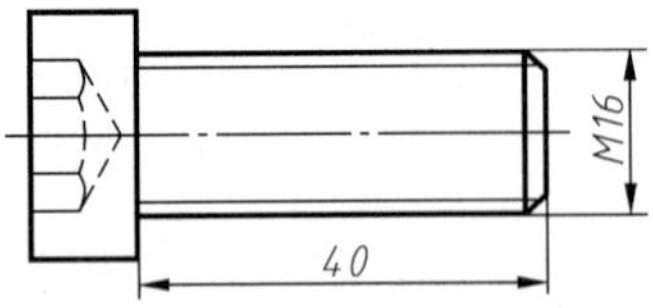	螺钉 GB/T 70.1 M16×40	内六角圆柱头螺钉，公称直径16mm，公称长度40mm

续表

名称及视图	规定标记示例	标记说明
六角头螺栓	螺栓 GB/T 5782 M12×50	A级六角头螺栓,公称直径12mm,公称长度50mm
双头螺柱	螺柱 GB 898 M12×50	双头螺柱,两端均为粗牙普通螺纹,公称直径12mm,公称长度50mm
六角螺母	螺母 GB/T 6170 M16	A级1型六角螺母,螺纹规格为M16
平垫圈	垫圈 GB/T 97.1 16	平垫圈,公称规格为16mm(即配套使用的螺纹、紧固件,螺纹大径为16mm),性能等级为A级
弹簧垫圈	垫圈 GB 93—87 20	弹簧垫圈,公称规格为20mm

(2)常用螺纹紧固件的画法

绘制螺纹紧固件可根据公称直径在相应的标准中查得各部分尺寸,再根据查得的尺寸画图。

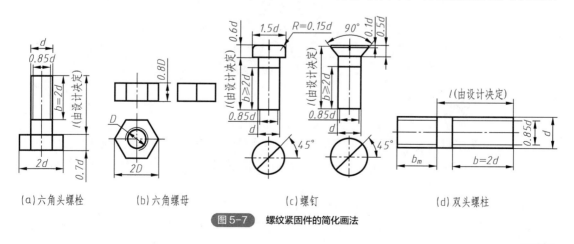

(a)六角头螺栓　　(b)六角螺母　　(c)螺钉　　(d)双头螺柱

图5-7　螺纹紧固件的简化画法

但在绘制螺栓、螺柱、螺母和垫圈时，通常由螺栓的螺纹规格 d、螺母的螺纹规格 D、垫圈的公称直径 d，按比例关系计算出各部分的尺寸，近似地画出图形。图 5-7 为螺母、螺栓、螺钉、双头螺柱的简化画法。

（3）常用螺纹紧固件的连接画法

零件及结构件的连接方法有螺纹连接、焊接、铆接、粘接等。螺纹连接是一种工程上应用最广泛的可拆卸连接，基本形式有螺栓连接、双头螺柱连接和螺钉连接。

1）连接图的规定画法

① 在剖视图上，通过相邻的两个零件的剖面线方向相反或方向相同但间隔不等来进行零件间的识别与区分；同一个零件在不同视图上的剖面线方向和间隔必须一致。

② 两零件的接触面只画一条线，不接触面画两条线。

③ 当剖切平面通过螺杆轴线时，螺栓、螺柱、螺钉、螺母、垫圈等紧固件均按不剖绘制，即不画剖面线。

④ 各个紧固件均可以采用省略画法。

2）螺纹紧固件的连接画法

① 螺栓连接图的画法。螺栓用于连接两个不太厚的零件，两个被连接件上钻有通孔，孔径约为螺栓螺纹大径的 1.1 倍。装配时，先将两个零件的孔心对齐，然后螺栓自下而上穿入，接着在螺栓上端套上垫圈、螺母，最后拧紧螺母。图 5-8 所示为螺栓连接的简化画法。

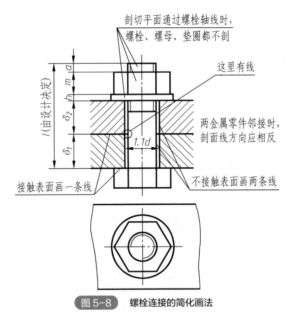

图 5-8　螺栓连接的简化画法

螺栓公称长度：

$$l=\delta_1+\delta_2+h+m+a$$

式中，m 为螺母高度；h 为垫圈的厚度；δ_1、δ_2 为被连接件的厚度；a 为螺栓伸出螺母的长度，一般可取 $(0.2\sim0.3)d$。由于螺栓长度已经标准化，因此计算后的 l 的数值应做调整，使其符合相应的长度系列。

螺栓连接在画图时应注意下列两点：

a. 被连接件上的通孔与螺杆之间不接触，即使间隙很小也应分别画出各自的轮廓线，为了读图清晰可辨，必要时间隙可夸大画出。

b. 螺栓上的螺纹终止线应低于被连接件顶面轮廓线，以便拧紧螺母时有足够的长度。

② 双头螺柱连接图的画法。双头螺柱连接适用于一个被连接件较厚，不适于钻成通孔或不能钻成通孔的情况（即加工出不通孔）。较厚的零件上加工有螺纹孔，双头螺柱两端都有螺纹，将螺纹较短的一段（旋入端）完全旋入螺纹孔，螺纹较长的一端（紧固端）穿过另一个较薄零件上加工的通孔，孔径约为螺纹大径的 1.1 倍，然后套上垫圈，拧紧螺母，如图 5-9 所示。

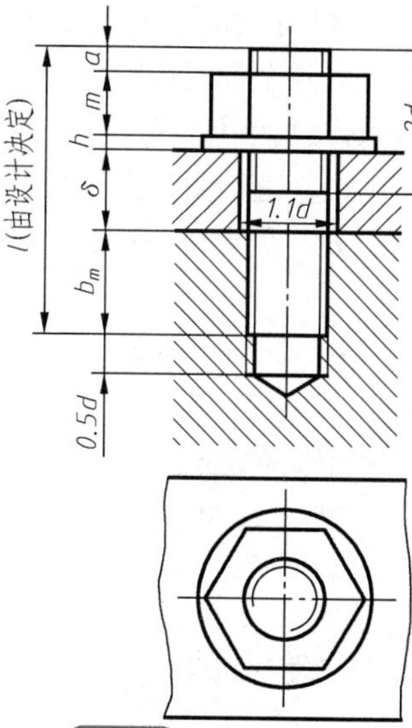

绘制双头螺柱连接图时应注意下列几点：

a. 双头螺柱的旋入端长度 b_m 与被旋入的材料有关，根据国家标准规定，b_m 有四种长度规格：

被旋入零件为钢和青铜时，$b_m=d$（GB 897—1988）。

被旋入零件为铸铁时，$b_m=1.25d$（GB 898—1988）或 $b_m=1.5d$（GB 899—1988）。

被旋入零件为铝合金时，$b_m=2d$（GB 900—1988）或 $b_m=1.5d$（GB 899—1988）。

b. 双头螺柱旋入端应画成全部旋入螺孔，即螺纹终止线应与零件的边界轮廓线平齐。

c. 伸出端螺纹终止线应低于较薄零件顶面轮廓，以便拧紧螺母时有足够的螺纹长度。

d. 螺柱伸出端的长度，称为螺柱的有效长度、有效长度 l 应先按下式估算：

$$l=\delta+h+m+a$$

式中，δ 为较薄被连接件的厚度；h 为垫圈厚度；m 为螺母厚度允许值的最大值；$a=(0.2\sim0.3)d$ 是螺柱末端伸出螺母的长度。根据计算的结果，从相应双头螺柱标准中查找螺柱公称长度系列值，选取一个最接近公称长度的值。

图 5-9 双头螺柱连接

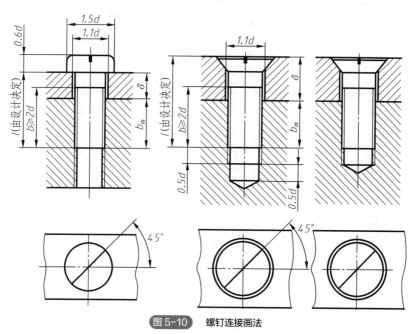

图 5-10 螺钉连接画法

③ 螺钉连接图的画法。螺钉连接常用于受力不大和不经常拆卸的场合。螺钉连接不用螺母和垫圈，两个被连接件中较厚的零件加工出螺孔，较薄的零件加工出通孔，将螺钉直接穿过通孔拧入螺纹孔中，靠螺钉头部压紧被连接件，如图 5-10 所示。

画螺钉连接图时应注意下列几点：

a. 螺钉的公称长度 l 应先按下式计算，然后从标准长度系列中选取相近的标准值。

$$l=t+b_m$$

式中，t 为较薄零件的厚度；b_m 为螺钉旋入较厚零件螺孔的长度，需要根据零件的材料确定。

b. 螺钉的螺纹终止线应高于零件螺孔的端面轮廓线，表示螺钉有拧紧的余地。

c. 螺钉头部的一字槽或十字槽的投影涂黑表示。在俯视图上，画成与水平线倾斜 45°。

5.3 键和销

5.3.1 键

键通常用于连接轴及轴上的转动零件（如齿轮、带轮等），起传递转矩的作用。

（1）键的种类和标记

键是标准件，常用的键有普通平键、半圆键和钩头楔键，如图 5-11 所示。普通平键又有 A 型（圆头）、B 型（平头）和 C 型（单圆头）三种，常用键的标记方法见表 5-3。

图 5-11 常用键

表 5-3 常用键的标记

名称	图例	规定标记
普通平键		GB/T 1096 键 $b \times h \times L$ 表示圆头普通平键（A 型），宽度为 b，高度为 h，长度为 L

名称	图例	规定标记
半圆键		GB/T 1099.1 键 $b×h×D$ 表示半圆键，宽度为 b，高度为 h，直径为 D
钩头型楔键		GB/T 1565 键 $b×L$ 表示钩头型楔键，宽度为 b，长度为 L

在普通平键和半圆键连接中，先在被连接的轴和轮毂上加工出键槽，然后将键嵌入轴上的键槽内，再对准轮毂上加工出的键槽，将它们装配在一起，这样就可以保证轴和轮一起转动，达到连接的目的。

花键（如图 5-12 所示）在机械制造中广泛使用，它本身的结构和尺寸都已标准化。花键的齿形有矩形和渐开线等两种，其中矩形花键较为常用，画法如图 5-12 所示

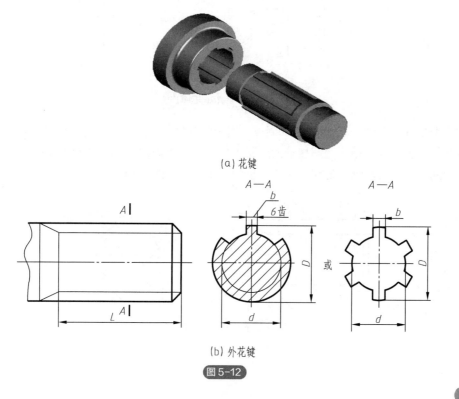

图 5-12

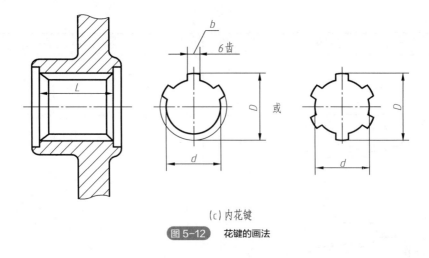

(c) 内花键

图 5-12　花键的画法

（2）键连接的画法

键和键槽的尺寸可根据被连接轴的轴径在键的标准中查得。平键和半圆键的连接画法相似，如图 5-13 所示。它们的侧面与连接零件接触，顶面留有间隙。

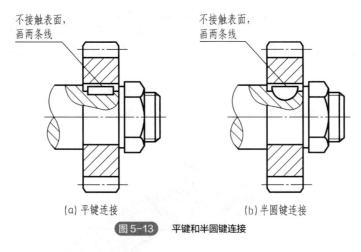

(a) 平键连接　　　　　　　(b) 半圆键连接

图 5-13　平键和半圆键连接

钩头型楔键的上底面有 1∶100 的斜度，用于紧连接。装配时将键打入键槽，靠键的上、下面与轴和轮毂上的键槽顶面之间接触的压紧力使轴上零件固定，因此绘制装配图时，只画一条线表示无间隙。键的两侧面是配合尺寸，也画一条线，如图 5-14 所示。

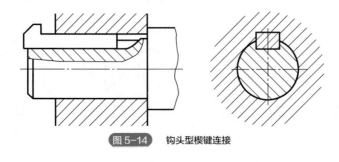

图 5-14　钩头型楔键连接

5.3.2 销

销连接用于零件之间的连接和定位。常用的销有圆柱销、圆锥销和开口销,如图 5-15 所示。

(a) 圆柱销　　　　　(b) 圆锥销　　　　　(c) 开口销

图 5-15　常用的销

圆柱销的标记如下:

销　GB/T 119.1　6　m6×30

表示公称直径 d=6mm、公差为 m6、公称长度 L=30mm、材料为钢、不经淬火、不经表面处理的圆柱销。

圆柱销和圆锥销的连接画法如图 5-16 所示。在剖视图中,若剖切平面通过销的轴线,销按不剖绘制,不画剖面线;若剖切平面垂直于销的轴线,被剖切的销应画出剖面线。

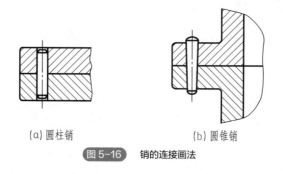

(a) 圆柱销　　　　　(b) 圆锥销

图 5-16　销的连接画法

5.4　滚动轴承

滚动轴承是标准部件,由专门工厂生产,需要时根据要求确定型号,选购即可。

5.4.1　滚动轴承的种类

滚动轴承的种类很多,但它们的结构大致相似,一般由外圈、内圈、滚动体和保持架组成,如图 5-17 所示。

滚动轴承按受力情况可分为三类:

① 径向轴承:主要承受径向载荷,如图 5-17(a)所示的深沟球轴承。
② 推力轴承:只能承受轴向载荷,如图 5-17(b)所示的推力球轴承。
③ 角接触推力轴承:同时承受轴向载荷和径向载荷,如图 5-17(c)所示的圆锥滚子轴承。

(a) 深沟球轴承　　　(b) 推力球轴承　　　(c) 圆锥滚子轴承

图 5-17　滚动轴承

5.4.2　滚动轴承的代号

国家标准（GB/T 296—2017）规定滚动轴承的类型、规格、性能用代号表示。滚动轴承的代号由前置代号、基本代号和后置代号构成，如图 5-18 所示。

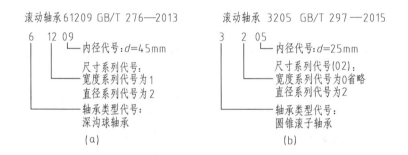

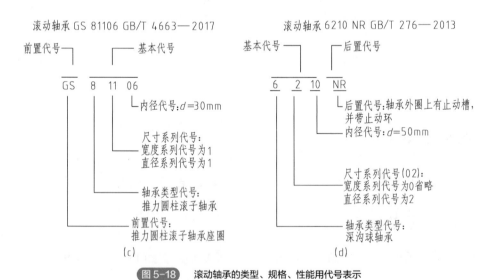

图 5-18　滚动轴承的类型、规格、性能用代号表示

5.4.3　滚动轴承的画法

常用滚动轴承的规定画法和特征画法如图 5-19 所示。

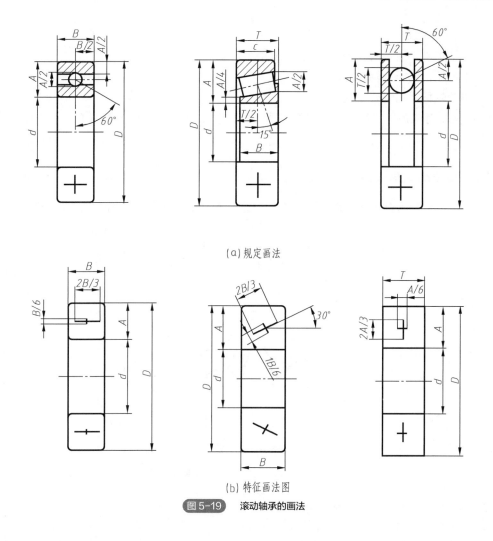

(a) 规定画法

(b) 特征画法图

图 5-19　滚动轴承的画法

5.5　齿轮

齿轮是广泛应用于机器或部件中的传动零件,齿轮的参数中只有模数、压力角已经标准化,因此,它属于常用件。

图 5-20　常见的齿轮传动

常见的齿轮的种类（图 5-20）有：
① 圆柱齿轮，用于两轴平行时的传动。
② 锥齿轮，用于两轴相交时的传动。
③ 蜗轮蜗杆，用于两轴交叉时的传动。

圆柱齿轮有直齿、斜齿、人字齿等几种，下面主要介绍直齿圆柱齿轮的有关知识与规定画法。

（1）齿轮的名词术语（图 5-21）

图 5-21 是两个啮合的圆柱齿轮示意图，从图中可以看出齿轮各部分的几何要素。

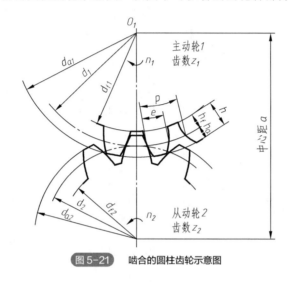

图 5-21　啮合的圆柱齿轮示意图

① 齿顶圆（直径 d_a）——通过轮齿顶部的圆。
② 齿根圆（直径 d_f）——通过轮齿根部的圆。
③ 分度圆（直径 d）——分度圆是设计、制造齿轮时进行计算和分齿的基准圆，它处在齿顶圆和齿根圆之间。对于标准齿轮，在此圆上的齿厚 s 与槽宽 e 相等。
④ 节圆（直径 d'）——两齿轮啮合时，啮合点的轨迹圆的直径，对于标准齿轮 $d'=d$。
⑤ 齿高 h——齿顶圆与齿根圆之间的径向距离。齿高 $h=h_a+h_f$。
齿顶高 h_a——齿顶圆与分度圆之间的径向距离。
齿根高 h_f——齿根圆与分度圆之间的径向距离。
⑥ 齿距 p、齿厚 s、槽宽 e——分度圆上相邻两齿对应点之间的弧长称为齿距；一个轮齿齿廓在分度圆上的弧长称为齿厚；分度圆上相邻两个轮齿齿槽间的弧长称为槽宽。对于标准齿轮，$s=e$，$p=s+e$。
⑦ 齿数 z——轮齿的个数，它是齿轮计算的主要参数之一。
⑧ 模数 m——分度圆周长 $\pi d=pz$，所以 $d=zp/\pi$，令 $m=p/\pi$，则 $d=mz$。m 称为模数，以毫米（mm）为单位。为了便于设计和加工，国家标准规定了齿轮的标准模数，见表 5-4。模数符合标准规定的齿轮称为标准齿轮。

表 5-4　标准模数（GB/T 1357—2008）　　　　　　　　　　　　　　　mm

第一系列	1，1.25，1.5，2，2.5，3，4，5，6，8，10，12，16，20，25，32，40，50
第二系列	1.125，1.375，1.75，2.25，2.75，3.5，（3.75），4.5，5.5，（6.5），7，9，（11），14，18，22，28，36，45

注：选用时应优先选用第一系列，括号内的模数尽可能不选用。

模数是设计、加工齿轮的重要参数，由上述公式可见，模数越大，轮齿就越大，在其他条件相同的情况下，齿轮的承载能力也越大。一对互相啮合的齿轮其模数必须相等。

⑨ 压力角 α——在节点处，轮齿的受力方向（即两齿廓曲线的公法线）与该点的瞬时速度方向（两节圆的公切线）之间的锐角，称为压力角。我国采用的标准压力角为 20°。

（2）齿轮的各个参数的计算

设计齿轮时，先确定模数和齿数，其他各部分的尺寸由计算得出，见表 5-5。

表 5-5　标准直齿圆柱齿轮的计算公式

名称	符号	计算公式
分度圆直径	d	$d=mz$
齿顶圆直径	d_a	$d_a=m(z+2)$
齿根圆直径	d_f	$d_f=m(z-2.5)$
齿顶高	h_a	$h_a=m$
齿根高	h_f	$h_f=1.25m$
齿全高	h	$h=h_a+h_f=2.25m$
中心距	a	$a=(d_1+d_2)/2=m(z_1+z_2)/2$

（3）圆柱齿轮的规定画法

① 单个齿轮的画法。齿轮除轮齿部分外，其余部分按真实投影绘制，国家标准中单个齿轮的轮齿部分的规定画法如下：

　a. 齿顶圆和齿顶线用粗实线绘制。
　b. 分度圆和分度线用细点画线绘制。
　c. 齿根圆和齿根线用细实线绘制或省略不画。
　d. 在非圆投影上取剖视时，轮齿部分按不剖绘制，而此时的齿根线用粗实线绘制。
　e. 需要表示斜齿和人字齿的特征时，可在非圆外形图上画三条与齿形线方向一致的细实线，表示齿向和倾角。

单个圆柱齿轮的画法如图 5-22 所示。

② 圆柱齿轮啮合的规定画法。两齿轮啮合时，除啮合部分外，其他部分按单个齿轮绘制。啮合部分的画法规定如下：

　a. 在投影为圆的视图中，两齿轮的节圆应相切，用细点画线绘制；齿顶圆用粗实线绘制或省略不画；齿根圆用细实线绘制或省略不画。如图 5-23（a）（b）所示。
　b. 在非圆投影的外形图中，齿顶线和齿根线不画出，将节线画成粗实线，如图 5-23（c）（d）（e）所示。

c. 在非圆投影的剖视图中,两个齿轮的节线重合,用细点画线绘制;齿根线用粗实线绘制;齿顶线的画法是一个齿轮的轮齿视为可见,画成粗实线,另一个齿轮视为不可见,画成细虚线或省略不画。

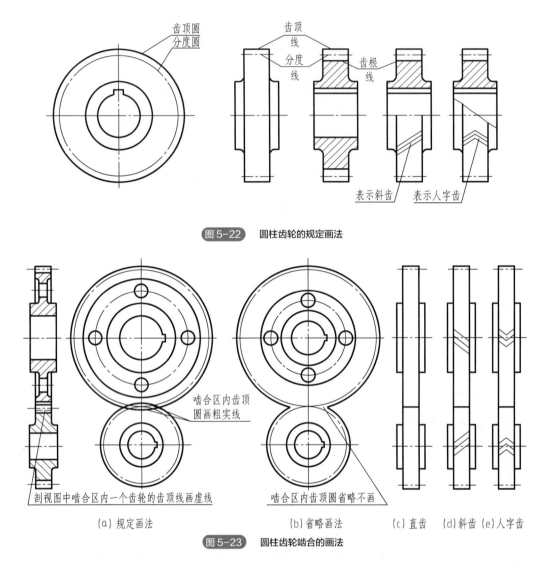

图 5-22 圆柱齿轮的规定画法

(a) 规定画法　　(b) 省略画法　　(c) 直齿　(d) 斜齿　(e) 人字齿

图 5-23 圆柱齿轮啮合的画法

画齿轮零件图时,除按规定画法画出图形外,还必须标注齿轮齿顶圆直径(d_a)和分度圆直径(d),另外还需注写出制造齿轮所需的基本参数(如模数、齿数等)。

5.6 弹簧

弹簧在工程上广泛用于减振、夹紧、测力、储存能量等。弹簧的种类很多,常用的有螺旋弹簧、涡卷弹簧等,如图 5-24 所示。根据受力方的不同,螺旋弹簧又分为压缩弹簧、拉伸弹簧和扭转弹簧三种。本节只介绍普通圆柱螺旋压缩弹簧的尺寸计算和画法。

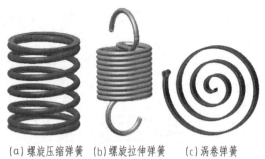

(a) 螺旋压缩弹簧　(b) 螺旋拉伸弹簧　(c) 涡卷弹簧

图 5-24　弹簧

5.6.1　圆柱螺旋压缩弹簧各部分的名称及尺寸关系

① 弹簧线径 d：制造弹簧的钢丝直径。

② 弹簧外径 D_2：弹簧的最大直径。

③ 弹簧内径 D_1：弹簧的最小直径。显然，$D_1=D_2-2d$。

④ 弹簧中径 D：弹簧的平均直径。

$$D = \frac{D_1 + D_2}{2} = D_1 + d = D_2 - d$$

⑤ 节距 t：除两端外，相邻两圈的轴向距离。

⑥ 有效圈数 n、支承圈数 n_2、总圈数 n_1。

为保证弹簧被压缩时受力均匀、支承平稳，要求两端面与轴线垂直。制造时，常把两端的弹簧圈并紧压平，使其起支承作用，称为支承圈，支承圈有 1.5 圈、2 圈、2.5 圈三种。大多数弹簧的支承圈是 2.5 圈。其余各圈都参与工作，并保持相等的节距，称为有效圈数。

总圈数=有效圈数+支承圈数，即 $n_1=n+n_2$。

⑦ 自由高度 H_0：未承受载荷的弹簧高度。

$$H_0 = nt + (n_2 - 0.5)d$$

⑧ 弹簧的展开长度 L：制造时弹簧丝的长度。

$$L = n_1\sqrt{(\pi D_2)^2 + t^2}$$

⑨ 旋向：分左旋和右旋两种。

5.6.2　圆柱螺旋弹簧的规定画法

弹簧的真实投影比较复杂，因此，国家标准 GB/T 4459.4—2003 对弹簧的画法作了具体的规定：

① 在螺旋弹簧的非圆视图中，各圈的轮廓画成直线。

② 螺旋弹簧均可画成右旋，左旋弹簧不论画成左旋还是画成右旋，一律要注旋向"左"字。

③ 有效圈数四圈以上的螺旋弹簧，中间部分可以省略，允许适当缩短图形的长度。

④ 在装配图中，被弹簧挡住的结构一般不画，可见部分应从弹簧的外轮廓线或从弹簧钢丝剖面的中心线画起。

⑤ 在装配图中，螺旋弹簧被剖切时，弹簧线径小于 2mm 的剖面可以涂黑表示，也可采用示意画法。

图 5-25 为单个弹簧的画法。图 5-26 为弹簧在装配图中的画法，其中图（b）为簧丝直径小于 2mm 的画法，图（c）为示意法画图。

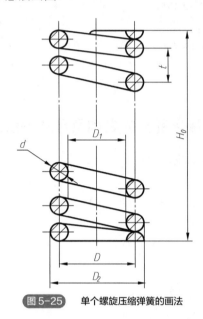

图 5-25　单个螺旋压缩弹簧的画法

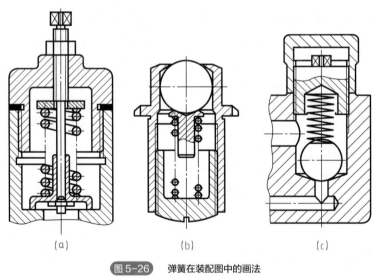

图 5-26　弹簧在装配图中的画法

5.7　齿轮及标准件三维造型设计

① 调出标准件菜单。单击"工具"—"插件"，选择"SOLIDWORKS Toolbox Library"—"确定"，如图 5-27 所示。

第5章 标准件和常用件

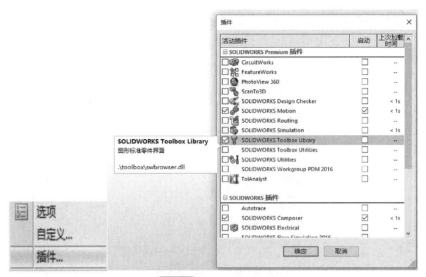

图 5-27　调用标注件库

② 单击"设计库"—"Toolbox"—"GB",选择"动力传动"—"正齿轮",如图 5-28 所示。

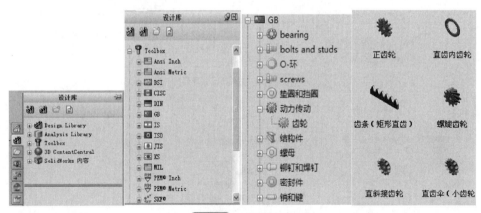

图 5-28　齿轮设计库

③ 设定齿轮参数,完成齿轮零件三维建模,如图 5-29 所示。

右击鼠标,选择"生成零件"—"配置零部件",设置齿轮参数,确定生成新齿轮,另存为 Z1,在齿轮前表面用点画线绘制分度圆,分度圆直径=齿数×模数。

④ 生成其他标准件。

a. 平键。单击"设计库"—"Toolbox"—"GB",选择"销和键"—"平行键"—"普通平键",$b×h×L=5×5×14$,如图 5-30 所示。

b. 轴承。单击"设计库"—"Toolbox"—"GB",选择"滚动轴承"—"深沟球轴承",代号 6302,内径 15mm,宽度 13mm,如图 5-31 所示。

c. 弹簧挡圈。单击"设计库"—"Toolbox"—"GB",选择"垫圈和挡圈"—"挡圈"—"轴用弹性挡圈-A 型",大小 15,外径 16.8mm,内径 13.8mm,厚度 1mm,如图 5-32 所示。

注意:齿轮及标准件装配后,如果出现不能显示或出错现象,请关闭所有窗口,打开"工具"—"选项"—"系统选项"—"Toolbox",将"将此文件夹设为 toolbox 零部件的默认搜索位置"前面复选框的钩去掉,否则软件默认是零件库里的源文件。

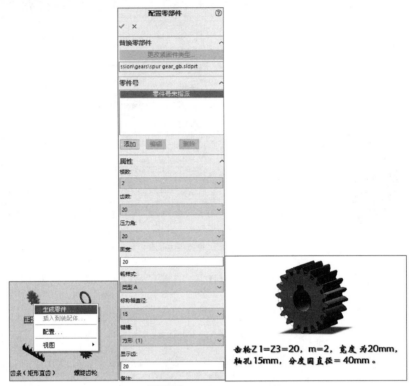

图 5-29　齿轮的三维建模

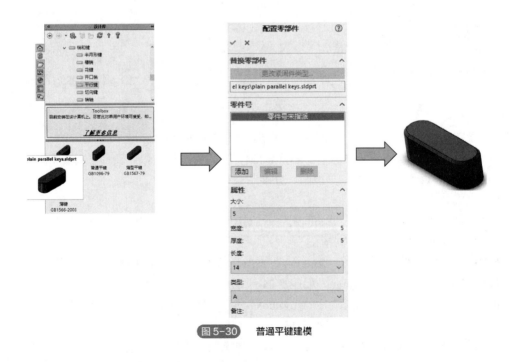

图 5-30　普通平键建模

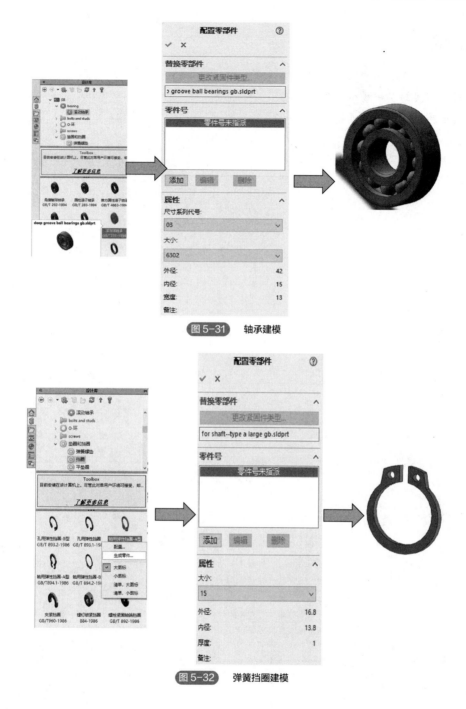

图 5-31　轴承建模

图 5-32　弹簧挡圈建模

本章小结

本章主要讲述螺纹的基本要素，外螺纹、内螺纹的画法，内外螺纹旋合的画法螺纹标注的格式和含义；螺栓、螺钉及双头螺柱连接图的画法；键、销、滚动轴承、弹簧的应用场合、标记及画法；如何利用成图技术调用标准件。

思考题

1. 螺纹的要素有哪些?
2. 螺栓连接的应用场合有哪些?
3. 键连接画法中的注意事项有哪些?
4. 什么是模数?
5. 标准件库的调用方法是什么?

第 6 章 零件图

> **思维导图**

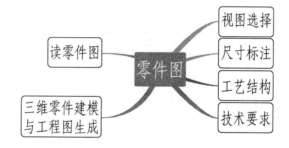

> **学习目标**
>
> 1. 掌握识读零件图的基本知识;
> 2. 掌握零件的结构、尺寸标注的合理性;
> 3. 学会计算机辅助绘制零件图。

6.1 零件图的基本知识

零件是组成机器或部件的最小单元,表达零件的结构、大小、技术要求及有关信息的图样,称为零件图。零件图是生产过程中,加工制造和检验零件的基本技术文件。

一张完整的零件图应包括以下内容(图 6-1):

① 一组图形:表达零件的内外结构形状的图形。

② 完整的尺寸:制造零件所需要的全部尺寸。

③ 技术要求:说明零件在加工和检验时应达到的技术指标,如尺寸公差、形位公差、表面

粗糙度、热处理、表面处理以及其他要求。

④ 标题栏：包括零件的名称、材料、数量、比例、图号以及有关责任人的签字等。

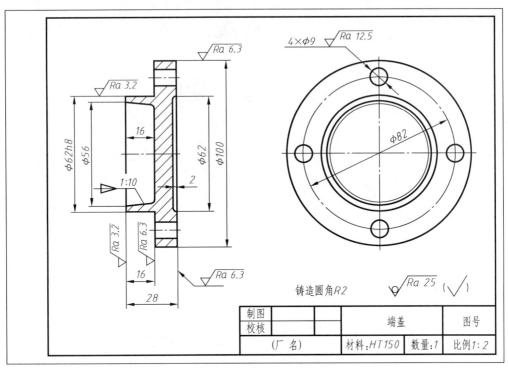

图 6-1　零件图

6.2　零件图的视图选择

零件图要求正确、完整、清晰地表达零件的全部结构，且力求制图简便。零件的表达应根据零件的结构特点，选用适当的表达方法，因此首先选好主视图，然后选配其他视图。

6.2.1　零件图的视图选择方法

（1）主视图的选择

主视图是零件图中最重要的一个视图，其选择是否正确与合理，直接影响其他视图的数量与配置，也影响读图与图纸的应用。因此，选择主视图时，一般应遵循以下原则：

① 加工位置：加工工序单一的零件，按主要加工工序放置零件，便于加工时看图。
② 工作位置：加工工序复杂，或在部件中有着重要位置的零件，按工作位置摆放。
③ 形状特征：加工工序多变，工作位置不固定的零件，可考虑其形状特征或读图的习惯位置。

（2）其他视图的选择

其他视图必须是主视图的补充，是将主视图没有表达清楚的结构形状进一步说明，不能盲目地按主、俯、左三视图的模式选择，应该按照以下思路选择其他视图：

① 从表达主要形体入手，选择表达主要形体的其他视图；

② 逐个检查形体，并补全其他形体的其他视图。

③ 按视图选择要求，进行分析、比较、调整，确定最优的视图表达方案。

6.2.2 典型零件的视图选择

生产实际中零件的种类很多，形状和作用也各不相同，为了便于分析，根据它们的结构形状及作用大致分为轴套类、盘盖类、叉架类和箱体类等几类零件。

（1）轴套类零件

轴套类零件包括轴、轴套、衬套等。其形状特征是轴向尺寸较长，由若干段不等径的同轴回转体构成，通常在零件上有键槽、销孔、退刀槽等结构。这类零件加工时轴线一般水平放置，为了便于加工时看图，主视图选择加工位置。对零件上的孔、槽等结构，可采用局部放大图、断面图、局部剖视图等方法表达。图 6-2 所示的轴中，主视图轴线水平放置，用断面图表示轴上键槽形状和尺寸。

（2）盘盖类零件

盘盖类零件包括端盖、轮盘、带轮、齿轮等。其形状特征是主体部分一般由回转体构成，呈盘状。沿圆周均匀分布有肋、孔、槽等结构。与轴类零件一样，盘盖类零件加工时也是轴线水平放置。在选择视图时，一般将非圆视图作为主视图，并根据需要可画成剖视图。用左视图或右视图完整表达零件的外形和槽、孔等结构的分布情况。如图 6-3 所示的轮盘零件图中，采用了主、左两个视图。

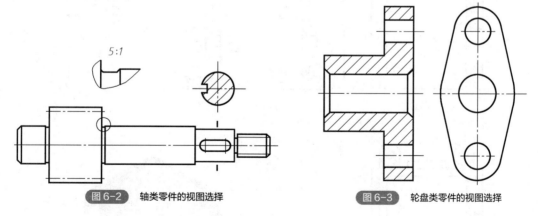

图 6-2　轴类零件的视图选择　　　　图 6-3　轮盘类零件的视图选择

（3）叉架类零件

叉架类零件包括托架、拨叉、连杆等。其形状特征比较复杂，零件常带有倾斜或弯曲状结构，且加工位置多变，工作位置亦不固定。对于这类零件，需要参考工作位置并按习惯位置摆放。选择此类零件的主视图时主要考虑其形状特征，通常采用两个或两个以上的基本视图，并选用合适的剖视图表达。也常采用斜视图、局部视图、断面图等表达局部结构。

图 6-4 所示为叉架类零件的表达方案，其形状结构比较简单，采用一个基本视图和两个局

部视图。选择 A 向为主视图投影方向，上端用局部视图表示夹紧板的轮廓形状和孔的分布情况，下端用局部视图表达马蹄形结构的形状。主视图上部用局部剖视图表达通孔。

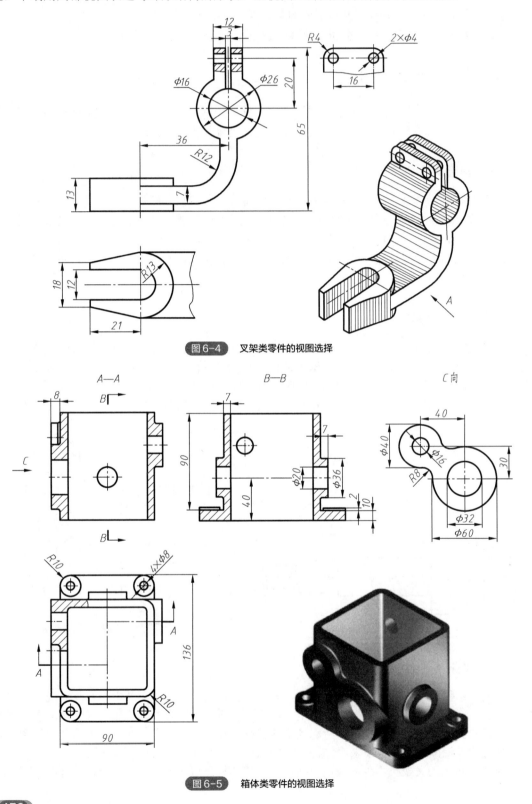

图 6-4　叉架类零件的视图选择

图 6-5　箱体类零件的视图选择

（4）箱体类零件

箱体类零件包括箱体、壳体、阀体、泵体等，其作用是支撑或容纳其他零件。箱体类零件结构形状比较复杂，加工位置多变，但工作位置比较固定。摆放箱体类零件时一般考虑工作位置。主视图选择主要考虑形状特征，其他视图的选择，根据零件的结构，结合剖视图、断面图、局部视图等多种方法，应清楚地表达零件的内外结构形状。

图 6-5 所示为箱体类零件的表达方案，主视图采用全剖视图，表示内部孔的形状、大小和相对位置。俯视图局部剖表达底板和孔槽结构，左视图经过孔槽进行全剖，再加上 C 向局部视图就能清楚地把箱体的内外结构表达清楚。

6.3 零件尺寸的合理标注

尺寸是加工和检验零件的依据，因此，零件图上所标注的尺寸除满足正确、完整、清晰的要求外，还应尽量满足合理性要求。

尺寸标注合理就是指标注的尺寸既能满足设计要求，又便于加工和测量。要做到合理标注尺寸，应对零件的设计思想、加工工艺及工作特点进行全面了解，还应具备相应的机械设计与制造方面的知识。

（1）正确选择尺寸基准

尺寸基准是加工和测量零件时确定尺寸位置的点、线或面。标注零件尺寸时先分别确定长、

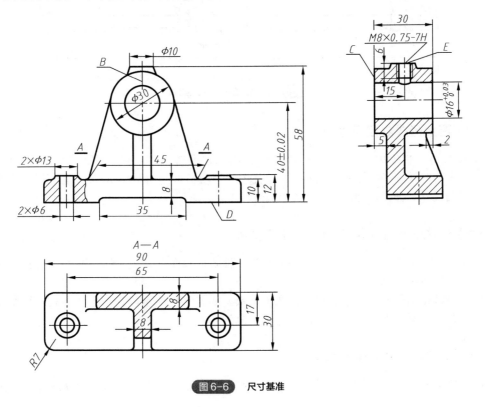

图 6-6　尺寸基准

宽、高三个方向的尺寸基准,然后从尺寸基准出发,确定零件结构之间的相对位置尺寸。根据其作用不同,尺寸基准可分为设计基准和工艺基准。

① 设计基准:零件设计时,为保证功能需要,确定零件的结构形状和相对位置所选用的基准。如图 6-6 中,确定支架轴孔的中心高度的尺寸 40±0.02,是以安装底面 D 为基准标注的。由于支架支撑一般是成对使用的,这个尺寸要尽量保证两个支架中心孔在高度方向共轴线;同样,以对称平面 B 为基准标注的长度方向尺寸 65,尽量保证长度方向共轴线。这里,底面 D 和对称平面 B 为设计基准。

② 工艺基准:零件设计时,为保证精度及加工、测量方便所选用的基准。图 6-6 中凸台的顶面 E 是工艺基准,以此为基准测量螺孔深度时比较方便。

(2) 重要尺寸直接注出

对于影响产品性能、精度等重要的尺寸需要直接标注,如配合尺寸、装配过程中确定零件位置的尺寸和相邻零件之间有关联的尺寸等。

如图 6-7(a)所示的轴心定位尺寸 a 是重要尺寸,必须直接注出。另外,为装配方便,底板上两安装孔的中心距 l 也应直接注出。若按照图 6-7(b)的注法,轴心高度由 $b+c$ 决定,安装孔的中心距也通过间接换算得出,就满足不了设计要求和装配要求了。

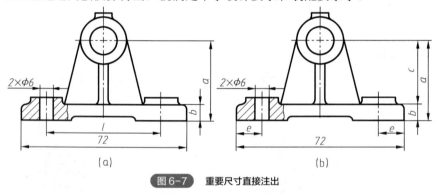

图 6-7 重要尺寸直接注出

(3) 避免形成封闭尺寸链

图 6-7(b)中高度方向的尺寸构成了一个封闭尺寸链,即 $a=b+c$。若尺寸 a 的误差一定,则尺寸 b 和 c 的误差必须控制得较小,这样就增加了加工难度,因此,应避免出现封闭尺寸链。将不重要的尺寸 c 去掉,便解决了这个问题。

(4) 标注的尺寸要便于加工、便于测量

标注尺寸应尽量符合加工工序。图 6-8 为一根阶梯轴在车床上的加工过程,图 6-8(c)是符合加工工序所标注的尺寸。

便于测量指的是测量时方便操作,便于读数。如图 6-9 所示,为一零件内孔的长度尺寸标注情况,其中,图 6-9(a)所标注的尺寸便于测量。

(5) 标注的尺寸要便于读图

同一加工工序所需尺寸,应尽量集中标注在一个视图上,而且该视图反映所加工结构比较

明显，如图 6-4 所示的叉架零件图中，马蹄形结构的尺寸集中在局部视图上标注。

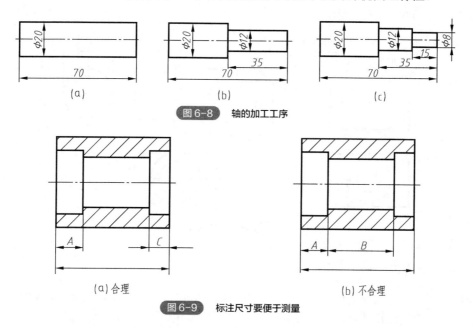

图 6-8　轴的加工工序

图 6-9　标注尺寸要便于测量

另外，同一方向的尺寸要排列整齐，如图 6-9（a）中，A、C 两个尺寸属于同方向的平行尺寸，其尺寸线画在同一条线上，既便于读图，又整齐美观。

6.4　零件常见的工艺结构

零件的结构形状主要根据零件的功用而定，同时还应考虑加工制造工艺对零件结构形状的要求。下面就介绍一些常见的遵照制造工艺要求的工艺结构。

6.4.1　铸造零件的工艺结构

（1）拔模斜度

为了便于从砂型中取出模型，在模型设计时，将模型沿出模方向做出 1∶20 的拔模斜度。因此，铸件表面会有这样的斜度，如图 6-10 所示。绘制零件图时，拔模斜度一般不绘出，必要时可在技术要求中说明。

（2）铸造圆角

为了防止浇铸时转角处型砂脱落，同时还避免铸件冷却时在转角处因应力集中而产生裂纹，把铸件表面的转角做成圆角。在绘制零件图时，一般需在图样中画出铸造圆角。铸造圆角半径为 2~5mm，视图中一般不标注，而是集中写在技术要求中。

带有铸造圆角的零件表面的交线（相贯线、截交线）叫作过

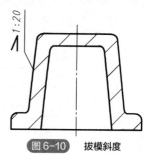

图 6-10　拔模斜度

渡线，由于过渡线不明显，规定在零件图中用细实线绘制。过渡线只画到理论交点处，不与零件轮廓线相交，如图 6-11 所示。

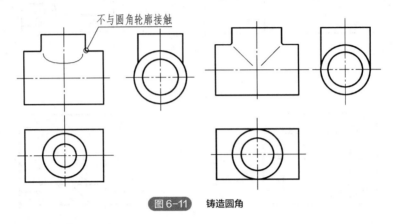

图 6-11　铸造圆角

（3）壁厚均匀

铸件冷却时，若壁厚不均匀，冷却速度就不同，就会导致壁厚处产生缩孔，如图 6-12（a）所示。所以，在设计铸件时，尽量使其壁厚均匀，如图 6-12（b）（c）所示。

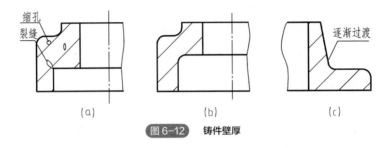

图 6-12　铸件壁厚

6.4.2　机加工常见工艺结构

零件的加工面是指零件上需要使用机床或其他工具切削加工的表面，即用去除材料的方法获得的表面。由于受加工工艺的限制，加工表面有如下工艺要求。

（1）倒角

为了去除零件加工表面的毛刺、锐边和便于装配，在轴和孔的端部，一般加工成与水平方向成 45°或 30°、60°的倒角。45°倒角用符号 C 表示，锥面的高度表示倒角的大小，30°或 60°倒角的标注与普通尺寸标注相同，如图 6-13 所示。

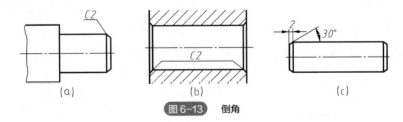

图 6-13　倒角

（2）退刀槽和砂轮越程槽

在加工螺纹时，为了保证螺纹末端的完整性，同时便于退刀，常在待加工面的端部先加工出退刀槽。为便于选择刀具，在标注退刀槽尺寸时，应将槽宽尺寸直接标注出来，退刀槽的结构及尺寸注法如图 6-14（a）所示。

对于需用砂轮磨削的表面，常在被加工面的轴肩处预先加工出砂轮越程槽。砂轮越程槽的结构常用局部放大图表示，如图 6-14（b）所示。

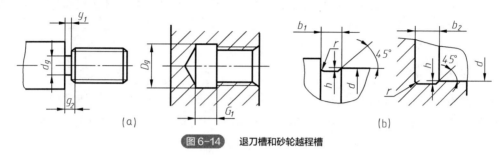

图 6-14　退刀槽和砂轮越程槽

（3）钻孔端面

为防止钻孔倾斜或因受力不均折断钻头，通常使钻孔端面与轴线垂直，如图 6-15 所示。

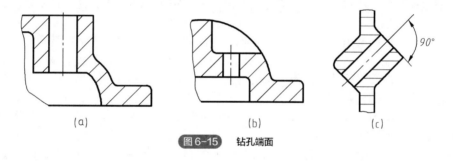

图 6-15　钻孔端面

（4）减少加工面

凡是接触面都要加工，为减少加工面，使相邻两个零件接触良好，常把零件的接触面做成凸台、凹坑等，如图 6-16 所示。

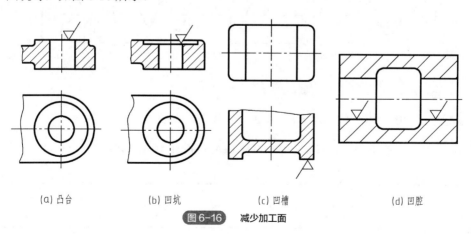

(a) 凸台　　(b) 凹坑　　(c) 凹槽　　(d) 凹腔

图 6-16　减少加工面

6.5 零件的技术要求

零件图上除了视图和尺寸外，还需要有制造零件时应该达到的一些质量要求，叫技术要求。技术要求包括表面结构、尺寸公差、几何公差等。技术要求在图样中的表示方法有两种：一种是用规定的符号、代号标注在视图中；另一种是在"技术要求"的标题下，用简明的文字逐条说明。用文字说明的技术要求一般放置在标题栏上方或左侧。本书主要介绍表面粗糙度和极限与配合。

6.5.1 表面结构

表面结构是表面粗糙度、表面波纹度、表面缺陷、表面纹理和表面几何形状的总称。表面结构的各项要求在图样上的表示法在 GB/T 131—2006 中均有具体规定。本节主要介绍表面粗糙度的表示法。

（1）基本概念及术语

零件加工后会在表面上呈现许多高低不平的凸峰与凹谷，这种零件表面上具有的较小间距峰谷形成的微观几何形状特性，称为表面粗糙度。表面粗糙度与加工方法、设备精度、操作技术等因素有关，它是评定零件表面质量的一项重要的技术指标。

零件表面粗糙度的选用，应该既满足零件表面的功能要求，又要考虑经济合理。一般情况下，凡是零件上有配合要求或相对运动的表面，粗糙度参数值要小，参数值越小，表面质量越高，但加工成本也越高。因此在满足要求的前提下，应尽量选用较大的参数值，以降低成本。

对于零件表面的结构状况，可由三类轮廓参数加以评定：轮廓参数、图形参数、支承率曲线参数。其中轮廓参数是我国机械图样中目前最常用的评定参数。本节仅介绍评定粗糙度轮廓（R 轮廓）中的两个高度参数 Ra 和 Rz。

① 轮廓算术平均偏差 Ra：在一个取样长度 lr 范围内，曲线 $Z(X)$ 纵坐标绝对值的算术平均值，如图 6-17 所示。

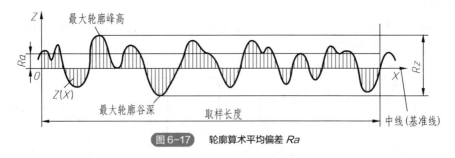

图 6-17　轮廓算术平均偏差 Ra

国家标准对轮廓算术平均偏差 Ra 值作了统一规定，见表 6-1。

表 6-1　Ra 和 Rz 数值系列（摘自 GB/T 1031—2009）

μm

Ra	0.012	0.025		0.05	0.1	0.2	0.4		0.8	1.6	3.2	6.3	12.5	25	50	100
Rz	0.025	0.05	0.1	0.2	0.4	0.8	1.6	3.2	6.3	12.5	25	50	100	200	400	800

② 轮廓最大高度 Rz：在一个取样长度范围内，最大轮廓峰值和最低轮廓谷值之间的距离，见图 6-17。Rz 的系列值见表 6-1。

（2）表面粗糙度的符号及代号

国家标准中规定了表面粗糙度的符号、代号及其在图样上的标注方法。

① 表面粗糙度符号。表面粗糙度符号的画法及其意义见表 6-2。

表 6-2　表面粗糙度符号及其意义

符号	含义
h＝字体高度　$H_1 \approx 1.4h$　H_2（最小值）$\approx 2H_1$	基本图形符号：表示未指定工艺方法的表面，仅用于简化代号的标注，一般不单独使用
	扩展图形符号：表示用去除材料的方法获得的表面，仅当其含义是"被加工表面"时方可单独使用
	扩展图形符号：表示用不去除材料的方法获得的表面，也可用于表示保留上一道工序形成的表面
	完整图形符号：在上述三种图形符号长边加一条横线，用于标注表面粗糙度的补充要求
	带有补充注释的图形符号：表示某个视图上构成封闭轮廓的各表面具有相同的粗糙度要求

② 表面粗糙度代号。表面粗糙度代号由图形符号、参数代号（如 Ra、Rz）及参数值组成，如图 6-18 所示。其中 a 处标注参数代号和参数值，在参数代号与参数值之间有一空格，如 $Ra3.2$。表面粗糙度的代号及其含义见表 6-3。

必要时应标注补充要求，比如取样长度、加工方法、表面纹理及方向、加工余量等，需要时请参阅相应的国家标准。

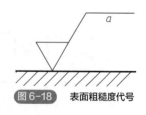

图 6-18　表面粗糙度代号

表 6-3　表面粗糙度代号及其含义

代号示例（旧标准）	代号示例（新标准）	含义
3.2	$Ra\ 3.2$	表示不去除材料，单向上限值，Ra 的上限值为 $3.2\mu m$
3.2	$Ra\ 3.2$	表示去除材料，单向上限值，Ra 的上限值为 $3.2\mu m$

续表

代号示例（旧标准）	代号示例（新标准）	含义
1.6max	Ra max 1.6	表示去除材料，单向上限值，Ra 的最大值为 1.6μm
3.2 1.6	U Ra 3.2 L Ra 1.6	表示去除材料，双向极限值，上限值：Ra 为 3.2μm，下限值：Ra 为 1.6μm
Rz 3.2	Rz 3.2	表示去除材料，单向上限值，Rz 的上限值为 3.2μm

（3）表面粗糙度在图样中的标注

国家标准规定了表面粗糙度的标注方法，见表 6-4。

表 6-4 表面粗糙度在图样中的标注

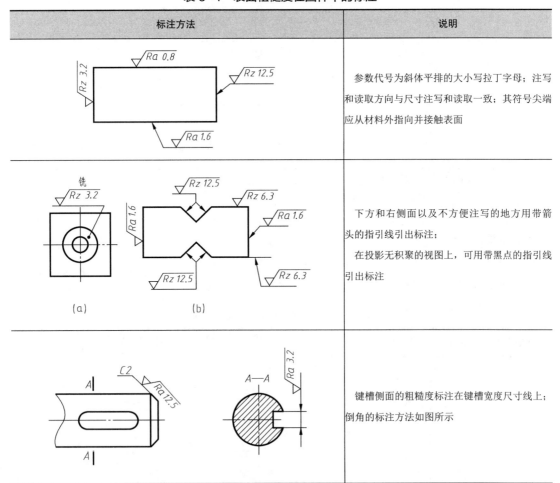

标注方法	说明
	参数代号为斜体平排的大小写拉丁字母；注写和读取方向与尺寸注写和读取一致；其符号尖端应从材料外指向并接触表面
	下方和右侧面以及不方便注写的地方用带箭头的指引线引出标注； 在投影无积聚的视图上，可用带黑点的指引线引出标注
	键槽侧面的粗糙度标注在键槽宽度尺寸线上；倒角的标注方法如图所示

续表

标注方法	说明
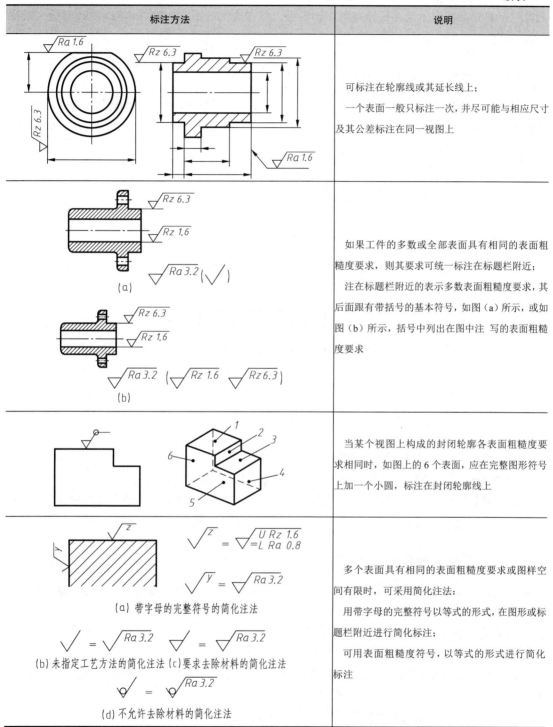	可标注在轮廓线或其延长线上；一个表面一般只标注一次，并尽可能与相应尺寸及其公差标注在同一视图上
	如果工件的多数或全部表面具有相同的表面粗糙度要求，则其要求可统一标注在标题栏附近；注在标题栏附近的表示多数表面粗糙度要求，其后面跟有带括号的基本符号，如图（a）所示，或如图（b）所示，括号中列出在图中注写的表面粗糙度要求
	当某个视图上构成的封闭轮廓各表面粗糙度要求相同时，如图上的6个表面，应在完整图形符号上加一个小圆，标注在封闭轮廓线上
	多个表面具有相同的表面粗糙度要求或图样空间有限时，可采用简化注法：用带字母的完整符号以等式的形式，在图形或标题栏附近进行简化标注；可用表面粗糙度符号，以等式的形式进行简化标注

6.5.2 极限与配合

极限与配合是零件图和装配图中的一项重要技术要求。零件在生产过程中，不论是加工还是测量,不可避免会有误差。为了保证零件的互换性,必须将零件的误差限定在一定的范围内,为此,国家标准制定了尺寸极限与配合的标准。下面简要介绍它们的基本概念以及在图样上的标注方法。

(1) 公称尺寸、实际尺寸和极限尺寸

国家标准对零件尺寸变动量有关的术语作了规定,如图 6-19 所示。该图中的数据是以允许的最大尺寸为 ϕ30.072,最小尺寸为 ϕ30.020 的孔和允许的最大尺寸为 ϕ29.980,最小尺寸为 ϕ29.928 的轴为例注解的。

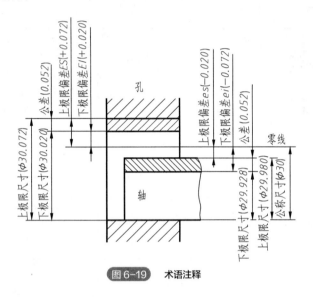

图 6-19　术语注释

① 公称尺寸:设计时确定的基本尺寸。
② 实际尺寸:对成品零件中的某一结构,通过实际测量获得的尺寸。
③ 极限尺寸:允许零件实际尺寸变化的最大、最小尺寸,分别称作最大极限尺寸和最小极限尺寸。实际尺寸在极限尺寸范围内的产品为合格产品,否则不合格。

(2) 极限偏差和尺寸公差

① 极限偏差:极限尺寸减去基本尺寸的代数差。极限偏差有上偏差和下偏差,偏差值可以是正值、负值或零。

上偏差(ES/es)=最大极限尺寸-基本尺寸
下偏差(EI/ei)=最小极限尺寸-基本尺寸

ES 和 EI 分别表示孔的上偏差和下偏差,es 和 ei 分别表示轴的上偏差和下偏差。图 6-20 所标注的尺寸中,-0.006 为上偏差,-0.024 为下偏差。

实际尺寸减去基本尺寸所得的代数差称为实际偏差。

② 尺寸公差(简称公差):允许尺寸的变动量。

公差=最大极限尺寸-最小极限尺寸=上偏差-下偏差

尺寸公差总是一个正数,图 6-21 中的公差为 0.018。

（3）公差带

尺寸公差带，简称公差带。图6-20为图6-21中尺寸的公差带图。表示基本尺寸的一条线叫作零线，由代表上、下偏差位置的两条线所围成的区域叫作公差带。公差带反映了公差大小及其相对于零线的距离。

图6-20 轴的公差带图　　图6-21 轴的尺寸公差

（4）标准公差和基本偏差

为便于生产，并满足不同使用要求，国家标准《极限与配合》规定：标准公差确定公差带的大小，基本偏差确定公差带的位置。

① 标准公差。国家标准《极限与配合》中所规定的公差称为标准公差。标准公差符号用"IT"表示，标准公差分20个等级，分别用IT01，IT0，IT1，IT2，…，IT18表示。数字越小，公差等级越高，常用的公差等级在IT5~IT12之间。表6-5列出了标准公差为IT1~IT18的标准公差数值。

表6-5　标准公差数值（GB/T 1800.1—2020）

基本尺寸/mm		标准公差等级																	
		/μm										/mm							
大于	至	IT1	IT2	IT3	IT4	IT5	IT6	IT7	IT8	IT9	IT10	IT11	IT12	IT13	IT14	IT15	IT16	IT17	IT18
—	3	0.8	1.2	2	3	4	6	10	14	25	40	60	0.10	0.14	0.25	0.40	0.60	1.0	1.4
3	6	1	1.5	2.5	4	5	8	12	18	30	48	75	0.12	0.18	0.30	0.48	0.75	1.2	1.8
6	10	1	1.5	2.5	4	6	9	15	22	36	58	90	0.15	0.22	0.36	0.58	0.90	1.5	2.2
10	18	1.2	2	3	5	8	11	18	27	43	70	110	0.18	0.27	0.43	0.70	1.10	1.8	2.7
18	30	1.5	2.5	4	6	9	13	21	33	52	84	130	0.21	0.33	0.52	0.84	1.30	2.1	3.3
30	50	1.5	2.5	4	7	11	16	25	39	62	100	160	0.25	0.39	0.62	1.00	1.60	2.5	3.9
50	80	2	3	5	8	13	19	30	46	74	120	190	0.30	0.46	0.74	1.20	1.90	3.0	4.6
80	120	2.5	4	6	10	15	22	35	54	87	140	220	0.35	0.54	0.87	1.40	2.20	3.5	5.4
120	180	3.5	5	8	12	18	25	40	63	100	160	250	0.40	0.63	1.00	1.60	2.50	4.0	6.3
180	250	4.5	7	10	14	20	29	46	72	115	185	290	0.46	0.72	1.15	1.85	2.90	4.6	7.2
250	315	6	8	12	16	23	32	52	81	130	210	320	0.52	0.81	1.30	2.10	3.2	5.2	8.1
315	400	7	9	13	18	25	36	57	89	140	230	360	0.57	0.89	1.40	2.30	3.60	5.7	8.9
400	500	8	10	15	20	27	40	63	97	155	250	400	0.63	0.97	1.55	2.5	4.00	6.3	9.7

② 基本偏差。公差带图中，将靠近零线的那个极限偏差称作基本偏差。它确定公差带相对于零线的位置。基本偏差可以是上偏差或下偏差，国家标准给出了基本偏差系列，图6-22分别是孔和轴的基本偏差系列图。公差带在零线上方时，基本偏差为下偏差；公差带在零线下方时，

161

基本偏差为上偏差。

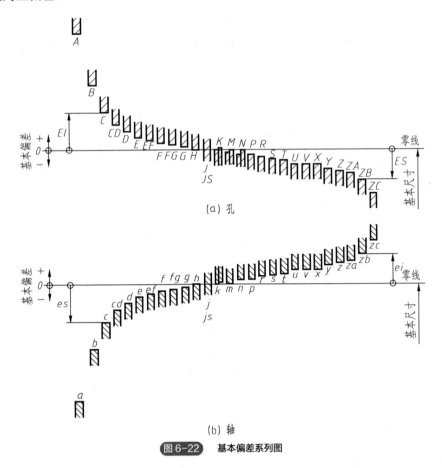

图 6-22　基本偏差系列图

孔、轴各有 28 个基本偏差，其代号用拉丁字母表示，大写为孔，小写为轴。

从图 6-22 可以看出，对孔来说，从 A 到 H 基本偏差为下偏差，K 至 ZC 基本偏差为上偏差；对于轴，从 a 到 h 基本偏差为上偏差，k 至 zc 基本偏差为下偏差。J/JS（j/js）没有基本偏差，标准公差对称分布于零线的两侧。

③ 公差带代号。公差带代号由基本偏差代号和表示标准公差等级代号的数字组成，用来代表尺寸加工的精度，例如 H7、g6。

由基本尺寸和公差带代号，在本书附录的有关标准表中就可以查出其上下偏差值。

（5）配合

基本尺寸相同、相互结合的孔与轴公差带之间的关系称为配合。

① 配合种类。按照孔和轴之间配合的松紧要求不同，国家标准规定，配合分三种：间隙配合、过盈配合和过渡配合。

间隙配合：孔与轴装配结果产生间隙（包括间隙为零）的配合，如图 6-23（a）所示。这种配合，孔的公差带在轴的公差带之上。

过盈配合：孔与轴装配结果产生过盈（包括过盈为零）的配合，如图 6-23（b）所示。这种配合，轴的公差带在孔的公差带之上。

过渡配合：孔与轴的配合结果可能产生间隙，也可能产生过盈的配合，如图 6-23（c）所示。这种配合，孔与轴的公差带有重叠的部分。

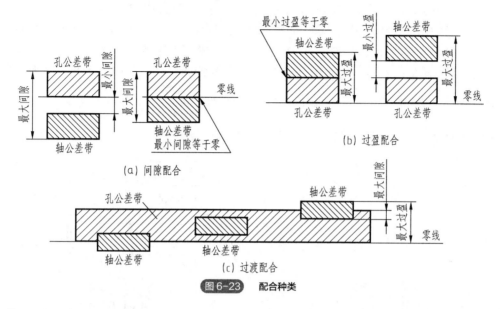

图 6-23　配合种类

② 配合制度。为了便于零件的设计制造，国家标准规定了基孔制和基轴制两种配合制度。

基孔制：基本偏差一定的孔的公差带与不同基本偏差的轴的公差带形成各种配合的制度，称为基孔制，如图 6-24 所示。

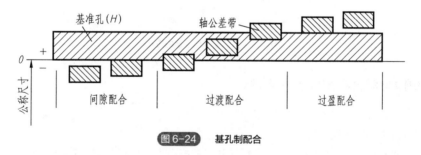

图 6-24　基孔制配合

基孔制中的孔称为基准孔，国家标准规定基准孔的基本偏差为零，即基本偏差代号为 H 的孔为基准孔。

基轴制：基本偏差为一定的轴的公差带与不同基本偏差的孔的公差带形成各种配合的制度，称为基轴制，如图 6-25 所示。

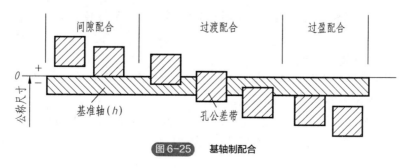

图 6-25　基轴制配合

基轴制中的轴称为基准轴，国家标准规定基准轴的基本偏差为零，即基本偏差代号为 h 的轴为基准轴。

由于孔比轴的加工难度大些，一般情况下应优先选用基孔制配合。

③ 配合代号。配合代号由孔和轴的公差带代号组合而成，写成分数的形式，分子为孔的公差带代号，分母为轴的公差带代号。若分子中孔的基本偏差代号为"H"，表示该配合为基孔制配合；若分母中轴的基本偏差代号为"h"，则该配合为基轴制配合。当轴与孔的基本偏差为 H/h 时，根据基孔制优先的原则，应首先按基孔制考虑，如 $\phi 30 \dfrac{H7}{h6}$。

基准制配合在装配图中的标注示例，见图 6-26。

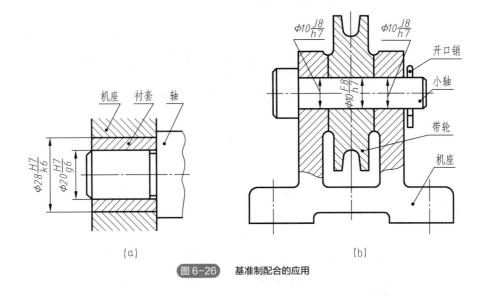

图 6-26　基准制配合的应用

（6）极限与配合在图样上的标注

国家标准规定了极限与配合在图样中的标注方法。

① 在零件图上的标注方法。

标注公差带代号：在基本尺寸的右边写出公差带代号，如图 6-27（a）所示。

标注极限偏差：在基本尺寸的右边注写出上下偏差的数值，上下偏差的数字字号比基本尺寸的数字字号小一号，下偏差数字与基本尺寸数字底部对齐，如图 6-27（b）所示。

同时标注公差带代号和极限偏差：当同时标注公差带代号和极限偏差数值时，后者需加括号，如图 6-27（c）所示。

当上下偏差绝对值相等时，偏差数字可以只注写一次，字号与基本尺寸字号相同，例如 50±0.15。

② 在装配图上的标注方法。

一般在装配图中的标注形式是：在基本尺寸右边写出配合代号，其中，配合代号的分数线可写成图 6-28（a）或图 6-28（b）的形式。

写出轴与孔的极限偏差，在装配图上的标注形式见图 6-28（c），尺寸线上方为孔的基本尺寸和极限偏差，尺寸线下方为轴的基本尺寸和极限偏差。

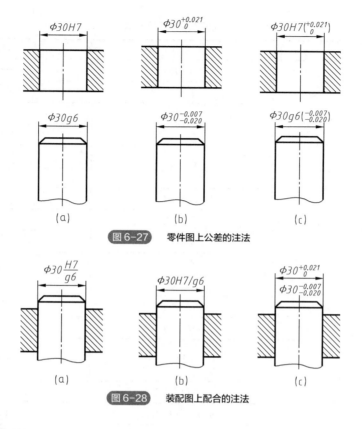

图 6-27 零件图上公差的注法

图 6-28 装配图上配合的注法

6.5.3 形状和位置公差

形状和位置公差,是指零件表面的实际形状和实际位置与零件的理想形状和理想位置的允许变动量。对于一般零件的形状和位置公差可由尺寸公差、加工机床的精度等加以保证。对于要求较高的零件,则根据设计要求,在零件图上注出有关的形状和位置公差,如图 6-29 所示。

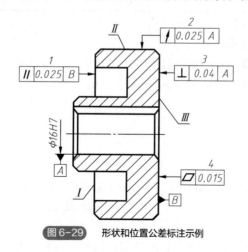

图 6-29 形状和位置公差标注示例

国家标准规定用代号标注形状公差和位置公差(简称形位公差),形状公差有 6 种,位置公差也有 6 种,其分类、名称及各项目的符号见表 6-6。

表 6-6　几何公差分类及特征符号

分类	项目	符号
形状公差	直线度	—
	平面度	▱
	圆度	○
	圆柱度	⌭
	线轮廓度	⌒
	面轮廓度	⌓
方向公差	平行度	∥
	垂直度	⊥
	倾斜度	∠
	线轮廓度	⌒
	面轮廓度	⌓
位置公差	位置度	⊕
	同心度（用于中心点）	◎
	同轴度（用于轴线）	◎
	对称度	=
	线轮廓度	⌒
	面轮廓度	⌓
跳动公差	圆跳动	↗
	全跳动	↗↗

国家标准中规定了形位公差的标注方法。在实际生产中，当无法用代号标注形位公差时，允许在技术要求中用文字说明。

形位公差代号包括形位公差特征项目的符号（表 6-6）、框格及指引线、形位公差数值和其他有关符号，以及基准代号等，如图 6-29 所示。框格中的文字高度与图样中的尺寸数字等高。

6.6　读零件图

读零件图就是在了解零件在机器中的作用和装配关系基础上，弄清零件的材料、结构形状、尺寸和技术要求等，评论零件设计上的合理性，必要时提出改进意见，或为零件的加工拟定适当的工艺方案。

现以泵体零件图（图 6-30）为例，说明读零件图的方法与步骤。

（1）看标题栏

看标题栏了解零件的名称、材料、比例等，再通过装配图或其他渠道了解零件的作用及与其他零件的装配关系。

从图 6-30 中可知，零件的名称为泵体，属于箱体类零件。材料是铸铁，其毛坯是铸造件。

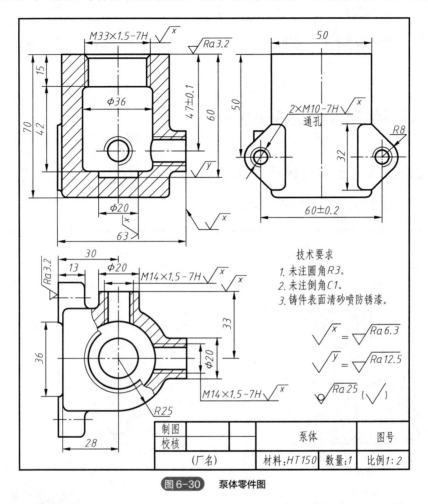

图 6-30　泵体零件图

（2）分析表达方案

了解零件图各视图之间的投影关系及所采用的表达方法。

该泵体采用了三个基本视图，主视图全剖，主要表达内腔的结构形状，同时表达出前后孔的大小和高度方向的位置；俯视图采用的是局部剖，视图部分表现泵体上部的形状和安装板的厚度，剖视部分表达进、出油孔的相对位置及其内、外形状；左视图主要表达安装板的形状和位置。

（3）分析尺寸

找出尺寸基准，根据设计要求了解功能尺寸，再了解非功能尺寸。最后，看看尺寸是否齐全、合理。

从俯视图的尺寸 13 和 30 可以看出，长度方向的尺寸基准为安装板的左端面；从主视图的尺寸 60 和 47±0.1 可知，高度方向基准为上顶面；该泵体前后基本对称，所以宽度方向尺寸基准应是前后对称面。在加工有公差要求的尺寸时必须保证其精度要求。

（4）了解技术要求

看看图样上的表面粗糙度、尺寸公差、形位公差及其他技术要求，分析这些技术要求是否合理。

6.7 三维零件建模与工程图生成

6.7.1 盘盖类零件三维建模与工程图生成

盘盖类零件模型图与工程图如图 6-31 所示。

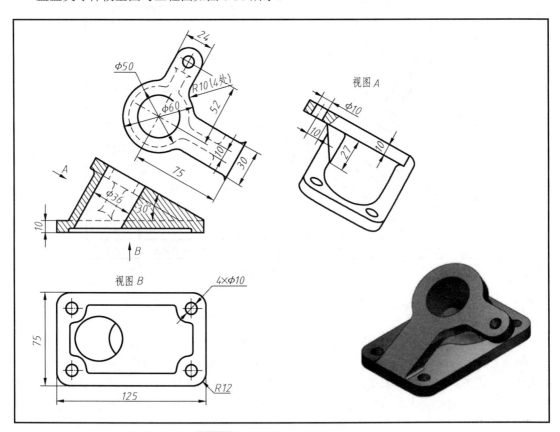

图 6-31　盘盖类零件模型图与工程图

（1）盘盖类零件三维建模

第 1 步：完成底板拉伸操作。

① 选择上视面，绘制草图，完成底板拉伸；在底板下部绘制草图，完成底板下部除料操作，如图 6-32 所示。

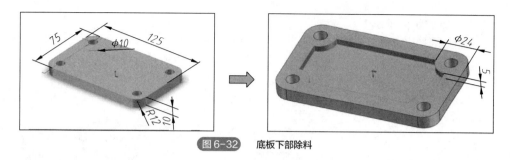

图 6-32　底板下部除料

② 单击"参考几何体"—"基准面",选择边线+底板上面,输入角度 30°,完成倾斜基准面操作,如图 6-33 所示。

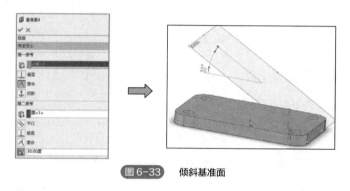

图 6-33　倾斜基准面

第 2 步：完成斜板拉伸操作。

① 选择倾斜基准面绘制草图,拉伸高度 10mm,完成拉伸操作,如图 6-34 所示。

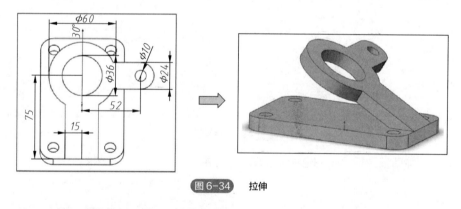

图 6-34　拉伸

② 在斜板下部绘制草图,拉伸至底板,并将 φ50 圆孔贯穿,如图 6-35 所示。

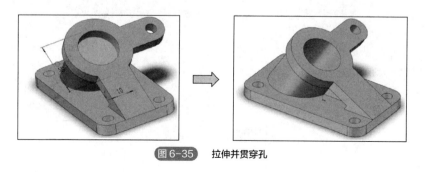

图 6-35　拉伸并贯穿孔

第3步：完成肋板操作。
① 选择"参考几何体"—"基准轴"，完成两基准轴操作。
② 选择"参考几何体"—"基准面"，选择两基准轴，生成基准面。
③ 选择"肋"，在基准面绘制草图，完成肋操作，见图 6-36。

图 6-36　完成肋操作

（2）盘盖类零件工程图生成

第1步：完成盘盖类零件主要表达视图。
① 打开工程图 A3 模板，单击"模型视图"—"浏览"，选择盘盖三维模型，确定投影方向、确定比例。
② 单击"剖面视图"，确定投影方向，完成剖视图，见图 6-37。

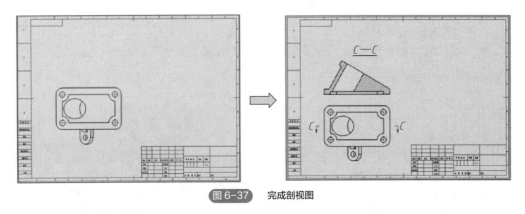

图 6-37　完成剖视图

③ 单击"辅助视图"，确定投影参考边线，完成两个斜视图，见图 6-38。

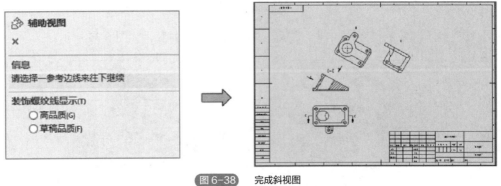

图 6-38　完成斜视图

第 2 步：完成局部剖视图，并完成尺寸标注。

① 单击"断开的剖视图"，在需要剖切的位置，用样条曲线绘制一个封闭圆弧，设置剖切深度，完成局部剖视图，见图 6-39。

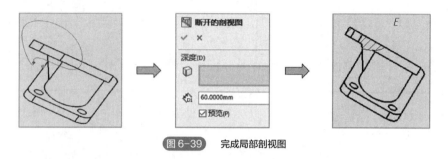

图 6-39　完成局部剖视图

② 消隐不显示边线，增加一个轴测图，最后完成中心线绘制和尺寸标注，见图 6-40。

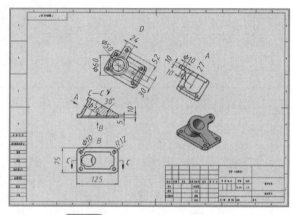

图 6-40　完成中心线绘制与尺寸标注

6.7.2　箱体类零件三维建模与工程图生成

箱体类零件模型图与工程图如图 6-41 所示。

（1）箱体类零件三维设计

第 1 步：完成箱体基体造型。

① 选择上视面，绘制草图，完成底板拉伸；在底板上部拉伸出 90×90×90 立方体，圆角为 $R10$，见图 6-42。

② 在箱体上开 76×76 方形通槽；另外在箱体前面绘制草图，拉伸高度为 8，并完成开孔操作，见图 6-43。

第 2 步：完成箱体上凸台操作。

① 完成箱体右侧圆形凸台拉伸，拉伸高度 7mm，完成凸台 $\phi 20$ 圆孔，将凸台与圆孔镜像，见图 6-44。

② 将箱体前面 $\phi 16$ 圆孔贯穿至箱体后壁，见图 6-45。

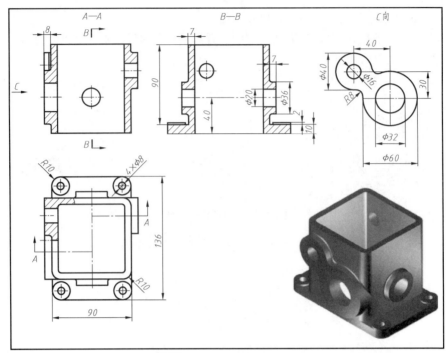

图 6-41　箱体类零件模型图与工程图

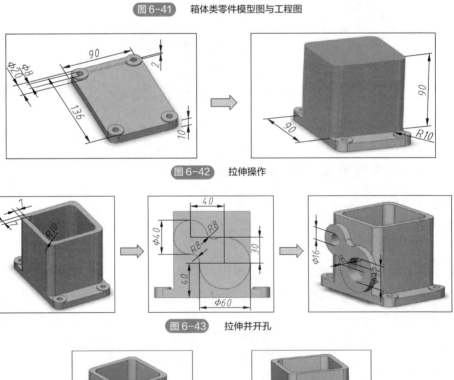

图 6-42　拉伸操作

图 6-43　拉伸并开孔

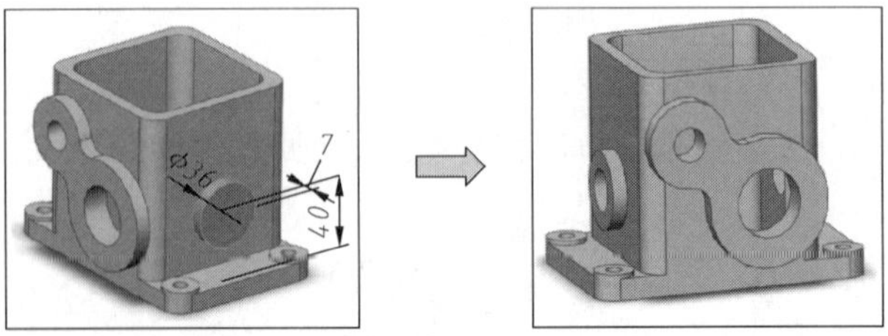

图 6-44　镜像

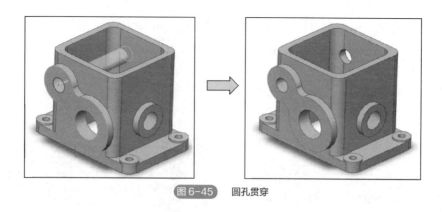

图 6-45　圆孔贯穿

(2) 箱体类零件工程图生成

第 1 步：完成箱体零件主要表达视图。

① 打开工程图 A3 模板，单击"模型视图"—"浏览"，选择箱体零件三维模型，确定比例，完成俯视图。

② 单击"剖面视图"—"单偏移"，确定剖切位置，确定投影方向，完成主视图阶梯剖视图。

③ 单击"剖面视图"，确定剖切位置，确定投影方向，完成左视图全剖视图，见图 6-46。

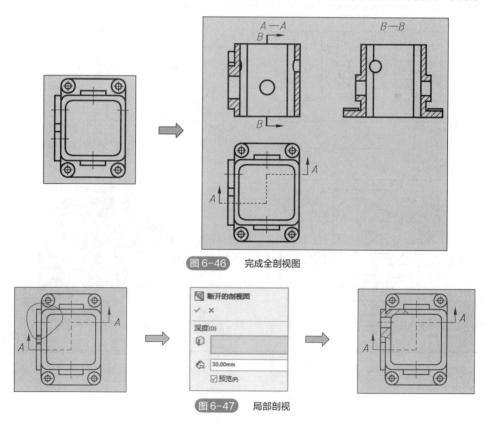

图 6-46　完成全剖视图

图 6-47　局部剖视

第 2 步：完成箱体局部剖视图以及向视图，并完成尺寸标注。

① 单击"断开的剖视图"，在俯视图上选择需剖切的位置，用样条曲线绘制一个封闭圆弧，设置剖切深度，完成局部剖视图，见图 6-47。

② 单击"辅助视图"，完成 C 向视图；增加一个轴测图，消隐不显示边线，完成中心线绘制和尺寸标注，见图 6-48。

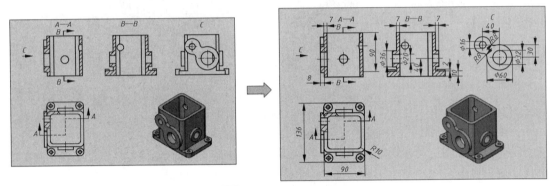

图 6-48　中心线绘制与尺寸标注

拓展练习：完成图 6-49、图 6-50 所示零件三维造型及工程图。

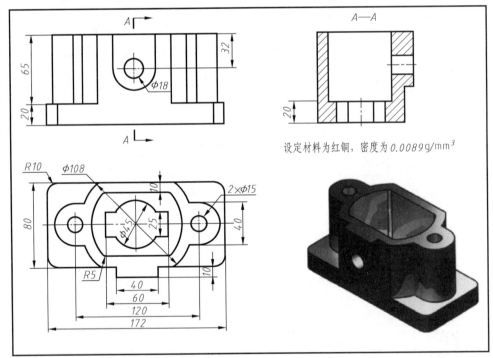

设定材料为红铜，密度为 $0.0089g/mm^3$

图 6-49　练习 1

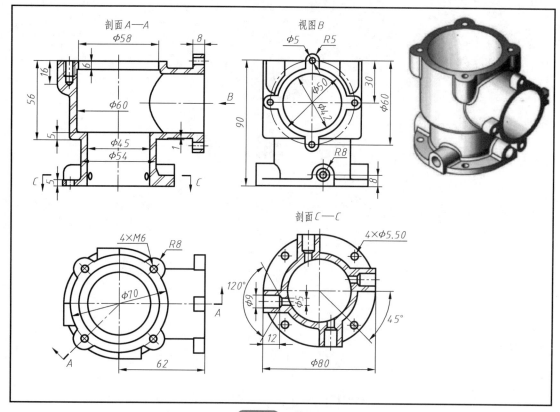

图6-50 练习2

 本章小结

本章主要讲述零件图的主要内容,包括零件图的视图选择、工艺结构、尺寸标注等方面的知识;零件表面结构,包括表面结构的基本概念、表面结构的参数、表面结构的图形符号、代号及标注方法;极限与配合,包括极限与配合的基本概念,极限与配合在图样上的标注方法。画零件图,包括画图前的准备、画图方法和步骤;读零件图,包括看标题栏、分析视图、分析投影,想象零件的结构形状。最后介绍如何利用成图技术生成多种零件的零件图。

 思考题

1. 给定一零件,如何正确画出其零件图?
2. 如何确定零件的表面结构?
3. 如何合理标注零件的尺寸?
4. 如何利用成图技术表达零件?
5. 如何理解零件的极限尺寸?

第 7 章 装 配 图

思维导图

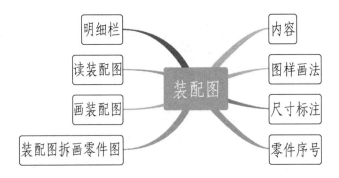

学习目标

1. 掌握识读装配图的基本知识;
2. 掌握装配结构、尺寸标注的合理性;
3. 学会计算机辅助绘制装配图。

表达机器或部件的结构、工作原理、零件间装配关系的图样称为装配图。机器可以由多个部件和零件组成。设计机器（或部件）时，首先要根据设计意图绘制装配图，然后由装配图拆画出构成机器或部件的各个零件的零件图。装配图要反映机器（或部件）的工作原理，性能要求，零件间的装配关系，零件的主要结构和形状，在进行装配、检验、安装时所需的尺寸和技术要求，如图 7-1 所示。因此，装配图是设计部门提交给生产部门的重要技术文件。进行装配时，生产者根据装配图把零件装配成部件或机器。同时，装配图又是现场进行设备安装、调试、操作和检修机器或部件的重要参考资料。

第 7 章 装配图

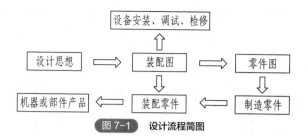

图 7-1 设计流程简图

本章将分别介绍装配图的内容、装配图的图样画法、装配图的尺寸标注、装配图的绘制、装配图的读图和装配图拆画零件图几个部分。

7.1 装配图的内容

图 7-2 和图 7-3 分别是球阀的外形图和分解图。球阀是应用于管路中控制液体流量的一种开关装置。扳动扳手做顺时针旋转，扳手会带动阀杆也进行顺时针旋转，在阀杆的带动下，球阀中控制开关的主要零件——球就绕着球阀的轴线旋转，从而控制球阀中液体的流量，当时针旋转 90°时就可以实现球阀的关闭，其原理图如图 7-4 所示。图 7-5 是球阀的装配图，现以该图为例说明装配图的内容。

图 7-2 球阀外形图

图 7-3 球阀分解

图 7-4 球阀原理图

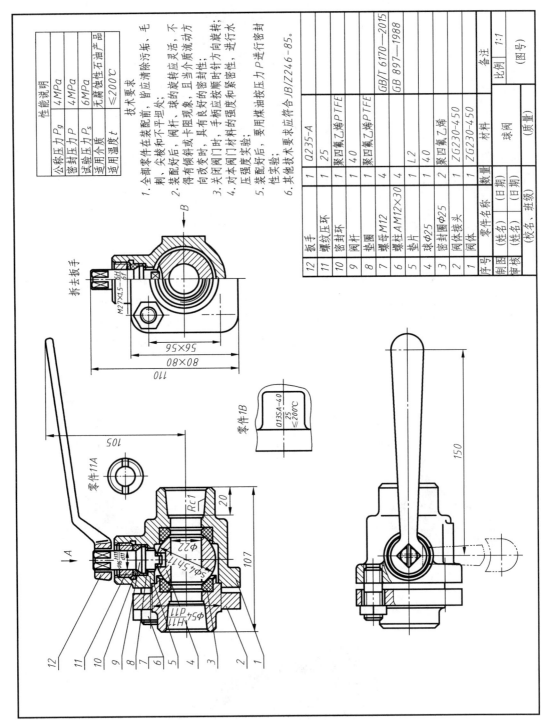

图 7-5　球阀装配图

7.1.1　装配图的构成

装配图需要表达整个装配体的结构、工作原理、零件间的装配关系。因此，一个完整的装配图应由四部分构成。

① 一组图形。采用国标中规定的表达方法，正确、完整、清晰、简洁地表达机器（或部件）的工作原理、零件的装配关系和零件的主要结构形状等。

② 必要的尺寸。装配图中的尺寸包括机器或部件的规格（性能）尺寸、装配尺寸、安装尺寸、总体尺寸等。

③ 技术要求。在装配图中用文字或符号标注机器或部件的质量、装配、检验和使用等方面的要求。

④ 零件序号、明细栏和标题栏。在装配图中将不同的零件按一定的格式编号，并在明细栏中依次填写零件的序号、代号、名称、数量、材料、重量、标准规格和标准编号等，用来说明机器或部件的组成情况。标题栏包括机器或部件的名称、代号、比例等。

7.1.2 零件图与装配图的区别

通过上述的介绍可以看出，装配图和零件图虽然都是由一组图形、尺寸、技术要求和标题栏构成，但二者有很大的不同，如表 7-1 所示。装配图的一组图形是表达两个及以上零件间的装配和连接关系以及零件的主要结构形状。而零件图是对一个零件的所有结构形状的完整表达。装配图中的尺寸用于构成机器或部件零件的装配、机器或部件的安装等，在装配图中只需要标出与此相关的必要尺寸即可，而零件图中标出的尺寸是用于零件的加工和制造，要求标出确定零件结构形状的所有尺寸。装配图和零件图中的技术要求也根据其用途的不同而不同。装配图比零件图多了明细栏和零件序号。

表 7-1 装配图与零件图区别

项目	装配图	零件图
视图表达的目的	工作原理、装配关系、零件主要形状和结构	零件的完整结构和形状
尺寸标注的内容	规格（性能）尺寸、装配尺寸、安装尺寸、总体尺寸等必要尺寸	零件结构和形状的完整尺寸
技术要求的对象和内容	装配体性能、制造、检验、安装、使用等方法及要求	零件使用、制造、检验时应达到的技术要求（表面粗糙度、尺寸公差、形位公差、热处理等）
其他	有零件序号和明细栏	无零件序号和明细栏

7.2 装配图的图样画法

装配图采用的图样画法和零件图基本相同，所以零件图中所应用的各种表达方法如视图、剖视、断面、局部放大图等都适用于装配图的表达，这些表达方法在第 4 章图样画法的表达方法中进行了详尽的介绍。但装配图以表达机器或部件的工作原理和装配关系为目的，为了能把机器或部件内部和外部的结构形状和装配关系表达清楚，在装配图中还需要一些特殊的表达方法。

7.2.1 装配图的规定画法

（1）相邻零件轮廓线的画法

两相邻零件的接触表面，画一条轮廓线。不接触的表面，应分别画出各自的轮廓线，如图

7-6 所示。

（2）装配图中剖面线的画法

相邻两零件的剖面线，其倾斜方向应相反，或方向一致而间隔不等，以示区分。在同一张装配图中，同一零件在各视图中的剖面线方向、间距相等，如图 7-6 所示。

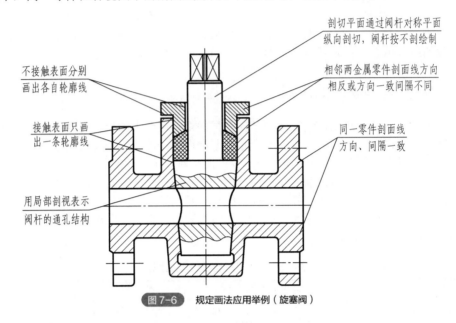

图 7-6 规定画法应用举例（旋塞阀）

（3）紧固件和实心零件的画法

对于紧固件以及轴、连杆、球、键、销等实心零件，若按纵向剖切，且剖切平面通过其对称面或轴线时，则这些零件按不剖绘制。如需要特别表明这些零件上某些结构（如通孔、盲孔、凹槽、键槽、销孔）或装配关系时，可用局部剖视表示。如图 7-7 所示，当剖切平面垂直其轴线剖切时，需画出其剖面线。

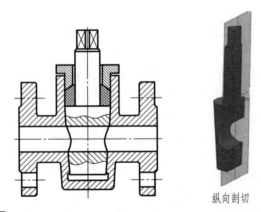

图 7-7 规定画法应用举例（旋塞阀）——紧固件和实心零件纵向剖切的画法

7.2.2 装配图的特殊画法

（1）假想画法

在装配图中，如果需要运动零件的运动范围或极限位置，可在一个极限位置上画出该零件，然后在另一个极限位置上用细双点画线画出其轮廓，如图 7-5 所示。图中俯视图中用细双点画线画出了扳手扳动的极限位置。此外，如果需要表达出与本部件有装配关系但又不属于本部件的其他相邻零件或部件，可采用假想画法将其他相邻零部件用细双点画线画出，不画剖面线，如图 7-8 所示。

（2）拆卸画法

当某些零件装配图中遮挡了需要表达的装配关系或结构时，可假想拆去这些零件，只画出拆卸后剩余部分的视图，并在视图上方加注"拆去××"，这种画法被称为拆卸画法。图 7-5 中左视图是拆去扳手后绘制的。

（3）沿结合面剖切画法

在装配图中，为了清楚表达被遮住部分的结构和装配关系，可假想沿某些零件的结合面剖切，画出其剖视图，此时在结合面上不要画出剖面线，如图 7-8 中 A—A 剖视图就是沿两零件的结合面剖切的。

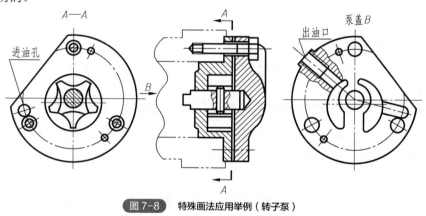

图 7-8　特殊画法应用举例（转子泵）

（4）单独表达一个零件的画法

当某个零件的形状未表达清楚而又对理解装配关系有影响时，可另外单独画出该零件的某一视图。但必须在所画视图的上方注出该零件的视图名称以及零件序号或零件名称，在装配图上相应零件的附近用箭头指明投射方向，并注上与视图名称相同的字母。如图 7-5 中零件 1 的 B 向、零件 11 的 A 向和图 7-8 所示泵盖 B 向均为单独表达一个零件的画法。

（5）夸大画法

画装配图时如果遇到薄片零件、细丝零件、微小间隙等，若按它们实际尺寸很难画出或不能明显表达，均可以按比例采用夸大画出。图 7-9 中螺栓与光孔间的间隙采用了夸大画法。

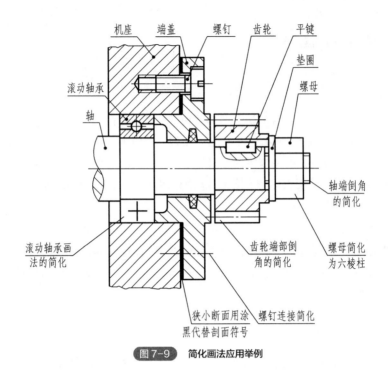

图 7-9　简化画法应用举例

7.2.3　装配图的简化画法

（1）零件工艺结构省略不画

在装配图中，零件的工艺结构(如倒角、退刀槽等)可省略不画，如图 7-9 所示。

（2）装配图中某些标准件和常用件允许采用简化画法（图 7-9）

① 在装配图中，螺母和螺栓头允许采用简化画法，简化为六棱柱。
② 在装配图中若干相同的零件组（如螺栓连接等），可仅画出一组，其余只需用细点画线表示其装配位置。
③ 在剖视图中表示滚动轴承时一般一半采用规定画法，另一半采用通用画法。
④ 零件被弹簧挡住的部件，其轮廓线不画。可见部分应从弹簧丝剖切面的中心线往外画。

（3）剖面符号的简化画法

宽度小于或等于 2mm 的狭小断面，可用涂黑代替剖面符号，如图 7-9 所示。

7.3　装配图的尺寸标注和技术要求

7.3.1　尺寸标注

由于装配图和零件图的作用不同，对尺寸标注的要求也不同。在装配图中应标注下列五种尺寸：

（1）规格（性能）尺寸

这类尺寸用来说明机器（或部件）的规格或性能，它是设计和用户选用产品的主要依据。如图 7-5 所示，图中 $\phi22$ 的尺寸，表明了球阀与所连通的管道的通径规格，是选用时的重要依据，因此这个尺寸属于规格尺寸。

（2）装配尺寸

这类尺寸用来表明零件间装配关系和重要的相对位置，用来保证机器或部件的工作精度和性能。主要包括：

① 配合尺寸。表示零件间有配合要求的尺寸，如图 7-5 中尺寸 $\phi54H11/d11$、$\phi16H11/d11$ 等。

② 相对位置尺寸。表示装配时需要保证的零件间较重要的距离、间隙等，如图 7-5 中尺寸 105，就表示了球阀装配好后阀体管道孔轴线与扳手顶部保证的垂直距离。

③ 零件间的连接尺寸。如连接用的螺钉、螺栓、螺柱和销等的定位尺寸，如图 7-5 中 4 个螺柱间的距离 56×56。

（3）外形尺寸

就是机器（或部件）的总长、总宽和总高尺寸。外形尺寸表明了机器（或部件）所占的空间大小，供包装、运输和安装时参考，如图 7-5 中总长尺寸 107，总宽尺寸 80，以及去除扳手后球阀的总高度 110。

（4）安装尺寸

将机器安装在地基上或部件装配在机器上所使用的尺寸，如图 7-5 中 $Rc1$、20。

（5）其他重要尺寸

除了上述四类尺寸之外，在装配图上有时还需要标注出一些其他重要尺寸，比如设计时为保证强度、刚度的重要结构尺寸；为了装配时保证相关零件的相对位置协调而标注轴向尺寸等。

需要说明在是：上述介绍的五类尺寸并不是相互孤立的，装配图上的某些尺寸有时兼有几种意义；同样，不是每一张装配图都具有上述各种尺寸。在学习装配图的尺寸标注时，要根据装配图的作用，真正领会标注上述几种尺寸的意义，从而做到合理标注尺寸。

7.3.2 技术要求

在装配图中，有些信息无法用图形表达清楚，需要用文字在图纸的空白处说明。装配图中的技术要求一般有以下内容：

① 装配体的性能、安装、使用和维护等方面的要求。

② 装配体在制造、检验和使用方面的要求。

③ 装配时的加工、密封和润滑等方面的要求。

7.4 装配图的零件序号及明细栏、标题栏

为了进行图纸管理、生产准备、机器装配和装配图阅读，需要在装配图上对每个零件或部件编写序号，并在标题栏上方填写与序号相对应零件信息。

7.4.1 零件序号编排要求

《机械制图》国家标准规定：

① 装配图中所有零、部件必须编写序号。相同的零、部件用一个序号，只标注一次。

② 序号排列应按顺时针或逆时针方向在水平或垂直方向顺次排列整齐，且分布均匀，如图7-5所示。

③ 指引线自所指零件的轮廓线内引出，并在末端画一小圆点，如图7-10（a）（b）（c）所示。若所指零件很薄不宜画圆点时，可在指引线末端画出箭头，并指向该部分的轮廓，如图7-10（d）所示。

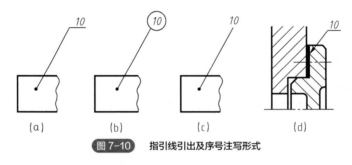

图7-10 指引线引出及序号注写形式

④ 指引线尽可能分布均匀，不能相交。通过剖面线区域时，不能与剖面线平行。必要时指引线可以画成折线，但只可曲折一次。

⑤ 一组紧固件或装配关系清楚的零件组，可以采用公共指引线，如图7-11所示。

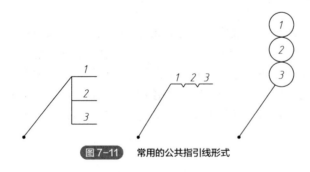

图7-11 常用的公共指引线形式

⑥ 序号注写有三种形式：

a. 在指引线的末端画一水平横线（细实线），在横线上注写序号，序号字高比图中尺寸数字高度大一号或两号，如图7-10（a）所示。

b. 在指引线的末端画一圆（细实线），在圆内注写序号，序号字高比图中尺寸数字高度大一号或两号，如图7-10（b）所示。

c. 在指引线的末端附近注写序号，序号字高比图中尺寸数字高度大一号或两号，如图7-10

(c)所示。

为了保证装配图布置得整齐、美观，标注零件序号时，应先按一定位置画好横线或圆，然后与零件一一对应，画出指引线。

7.4.2 标题栏和明细栏

装配图的标题栏与零件图的标题栏类似。明细栏是机器或部件中全部零件、部件的详细目录，一般由序号、代号、名称、数量、材料以及备注等组成，也可按实际需要增减项目。

明细栏和标题栏的格式在国家标准 GB/T 10609.1—2008《技术制图 标题栏》、GB/T 10609.2—2009《技术制图 明细栏》中已有规定。教学中可采用简化的明细栏，其格式如图 7-12 所示。

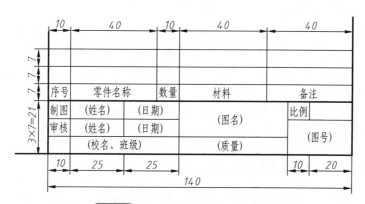

图 7-12　教学中使用的标题栏和明细栏

绘制标题栏和明细栏时，应注意以下几点，应用实例详见图 7-5。

① 明细栏一般配置在装配图中标题栏的上方，按自下而上的顺序填写。明细栏中序号必须与图中所注的序号一致。当由下而上延伸位置不够时，可紧靠在标题栏的左边再由下向上延续，注意必须要有表头，如图 7-12 所示。

② 明细栏和标题栏的分界线是粗实线，明细栏的外框竖线是粗实线，明细栏的横线和内部竖线均为细实线，明细栏最上一条横线为细实线，以便于修改。

③ 在明细栏备注项中，可填写有关的工艺说明如发蓝、渗碳等；对齿轮一类零件，可注明模数、齿数等必要的参数；对于标准件可注明标准件的国家标准代号。

④ 当装配图中不能在标题栏的上方配置明细栏时，可作为装配图的续页按 A4 幅面单独给出，其顺序应是由上而下延伸。还可连续加页，但应在明细栏下方配置与装配图完全一致的标题栏。

7.5 绘制装配图

无论是设计新机器还是对现有设备进行测绘，在了解了装配体的工作原理、用途并充分认识装配体结构特点和零件之间的装配关系后，就可以着手绘制装配图了。绘制装配图首先要选择适合所表达装配体的表达方案。

7.5.1 确定装配图表达方案

确定表达方案包括选择主视图、确定其他视图及表达方法。

（1）主视图的选择

主视图一般按部件的工作位置放置，投射方向应尽量较多地表达其工作原理、装配关系及主要零件的结构形状特征等。一般在机器或部件中，将装配关系密切的一组零件，称为装配干线。机器或部件是由一些主要和次要的装配干线组成。为了清楚表达这些装配关系，常通过装配干线的轴线将部件剖开，画出剖视图作为装配图的主视图。

（2）其他视图的选择

在确定主视图后，针对装配体在主视图中尚未表达清楚的内容，选取能反映其他装配关系、外形及局部结构的其他视图。装配图中是将零件形状的表达放在次要地位。一般情况下，每个零件应至少在某个视图中出现一次，以便于了解其所在的位置和进行编号。某些对机器工作性能重要的零件，必要时应将其形状表达清楚。

要使所选视图重点突出、配合得当，需选出几个方案来比较，再从中确定最佳方案。为了便于看图，视图间的位置尽可能符合投影关系，使整个装配图的布局匀称美观。

7.5.2 装配体常见的装置和结构

在设计和绘制装配图时，还应掌握装配结构的合理性和了解装配体常用装置的结构，以保证绘制的装配图符合加工和实际装配。

（1）装配结构的合理性

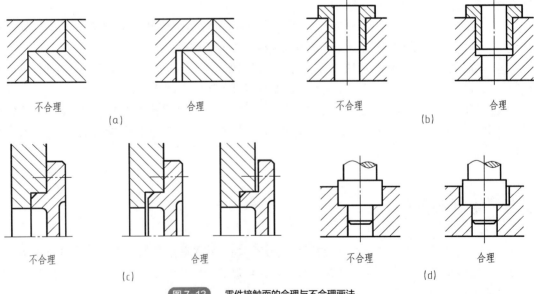

图 7-13　零件接触面的合理与不合理画法

① 两零件在同一方向上只能有一对接触面。这样既可保证两面接触良好，又可降低加工要求。从而避免了装配时发生互相干涉，如图 7-13 所示。

② 轴与孔端面接触时，在拐角处孔边要有倒角或轴的根部切槽，以保证两端面能紧密接触，如图 7-14 所示。

图 7-14　轴与孔端面接触时的合理与不合理画法

③ 为了便于拆装，必须留出装拆螺栓的空间、扳手的空间或加工孔、工具孔，如图 7-15 所示。

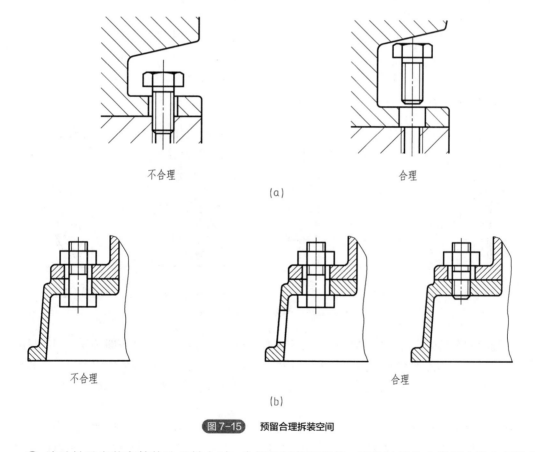

图 7-15　预留合理拆装空间

④ 滚动轴承安装在箱体孔及轴上时，为便于拆装和维修，滚动轴承的内外圈应能方便地从轴肩和孔内拆出。图 7-16（a）（b）分别说明了在箱体孔中安装圆锥滚子轴承和轴上安装深沟球轴承时合理与不合理的画法。

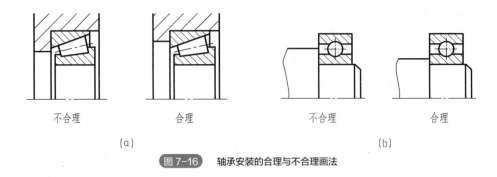

图 7-16　轴承安装的合理与不合理画法

（2）装配体中的常见装置

1）螺纹连接的防松装置

为了防止机器在工作中由于振动使螺纹紧固件松动，通常会采用如下结构来防松。

① 双螺母锁紧。利用两螺母旋紧后，螺母间产生的轴向力，使螺母螺纹牙与螺栓螺纹牙间的摩擦力增大，从而防止螺母自动松动，如图 7-17（a）所示。

② 弹簧垫圈防松。利用弹簧垫圈压紧后产生的弹力来防止螺母的松动，如图 7-17（b）所示。

③ 开口销防松。螺母拧紧后，把开口销插入螺母槽与螺栓尾部孔内，并将开口销尾部扳开，防止螺母与螺栓的相对转动，如图 7-17（c）所示。

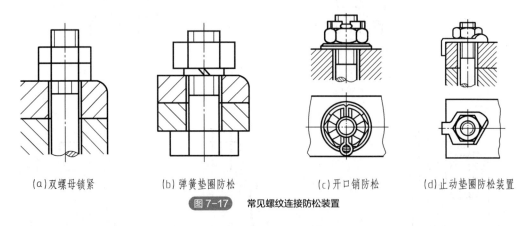

图 7-17　常见螺纹连接防松装置

④ 止动垫圈防松。这种装置常用来固定安装在轴端部的零件。止动垫圈必须和圆螺母配合使用，与之配合的外螺纹上开槽，止动垫圈上有一个向内和若干个向外伸出的卡片，旋紧后分别嵌入到轴上的槽和圆螺母的槽内，从而达到防松的目的，如图 7-17（d）所示。

2）密封装置

在一些部件或机器中，常需要密封装置，以防止液体外流或灰尘、水汽和其他不洁物进入机器内部。如图 7-18 所示的密封装置是用在泵和阀上的常见结构。它依靠螺母、填料压盖将填料压紧。在画装配图时填料压盖与阀体端面之间应有一定的间隙，表示填料已经填满，以起到密封防漏的作用。

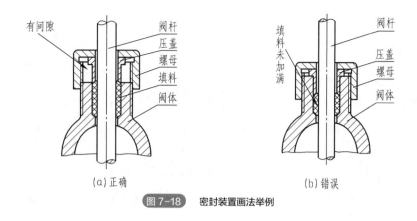

图 7-18　密封装置画法举例

7.5.3　画装配图的步骤和方法

① 确定比例和图幅。按照选定的表达方案，根据机器或部件的大小和复杂程度确定绘图比例。确定图幅时，不仅要考虑所画图形占据的面积，而且要预留出标注尺寸、填写技术要求和标题栏、明细栏的位置，根据国家标准选取标准图幅。

② 布置图面。先画出图框，再根据选定的视图表达方案，布置好各视图的具体位置，画出各视图的中心线和基准线，并将明细栏和标题栏的位置确定好。

③ 画主要零件轮廓。绘制装配图时，一般从主视图开始，其他视图结合起来绘制。装配图的画图顺序一般是按照从内向外画的顺序，从主要装配干线起定位作用的主要零件画起，按照装配顺序逐步向外绘制。主要零件需根据具体的机器或部件进行分析确定。画图时要考虑零件之间的遮盖问题，一般先画可见零件，后画其他零件的未遮盖部分。画图过程中要随时检查零件间的装配关系是否正确，哪些面应该接触，哪些面之间应留有间隙，哪些面为配合面等。还要检查零件间有无干扰和相互碰撞，并及时纠正。

④ 检查底稿，画剖面线，标注尺寸。

⑤ 编写零件序号、填写明细栏和标题栏、技术要求。

⑥ 检查并清理图面，加深图线，完成全图。

7.5.4　装配图绘制举例

7.5.3 节介绍了装配图绘制的一般步骤和方法，现以绘制旋塞阀装配图为例，进一步介绍根据零件图绘制装配图的方法与步骤。

（1）分析了解绘制对象的用途、性能、工作原理和结构特点

旋塞阀是安装在管路中控制流体流量的开关装置。开通状态时，流体从阀体和旋塞的通孔流过。将旋塞转动90°通道关闭。阀体和旋塞之间装有填料，拧紧螺栓，通过填料压盖将其压紧，起到密封作用。通过图 7-19 和图 7-20，可以了解旋塞阀的零件构成以及各个零件的装配位置和装配关系。

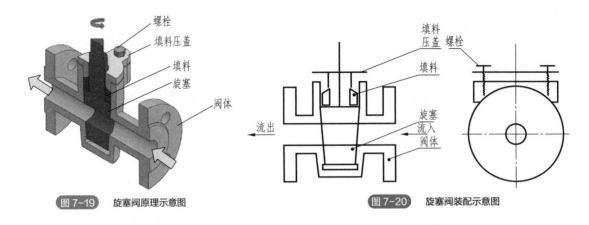

图 7-19 旋塞阀原理示意图　　图 7-20 旋塞阀装配示意图

（2）表达方案确定

在对旋塞阀的工作原理、装配示意图分析的基础上，确定旋塞阀装配图的具体表达方案：主视图采用旋塞阀的工作位置，为表达阀的工作原理和装配关系采用全剖视图来表达；为表达阀体的形状和填料压盖与阀体的连接关系，左视图采用半剖视图来表达；为表达阀体的形状和填料压盖的形状，俯视图采用基本视图来表达，如图 7-21 所示。

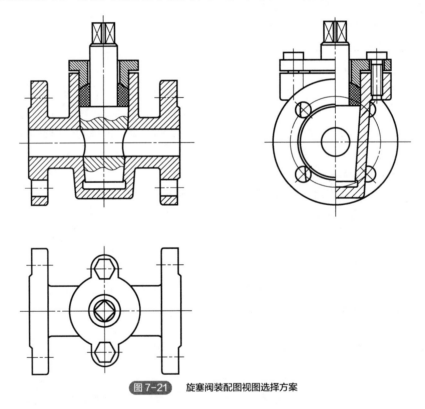

图 7-21 旋塞阀装配图视图选择方案

（3）绘制装配图

按照前面所介绍的装配图绘制步骤，绘制旋塞阀装配图如下：

① 确定比例和图幅。根据装配示意图和零件图计算出装配体的总长、总宽和总高，再按照确定的表达方案选定的视图数量来最终选择图幅和绘图比例。分析可知：本装配体的总长为阀体

的总长，总宽为阀体的总宽，总高为两部分尺寸之和。最终确定采用 1∶1 比例，A3 图幅绘制。

② 布置图面。先画出图框，再根据选定的视图表达方案，布置好各视图的具体位置，画出各视图的中心线和基准线，并将明细栏和标题栏的位置确定好。注意，在各视图之间留有适当间隔，以便标注尺寸和进行零件编号，如图 7-22 所示。

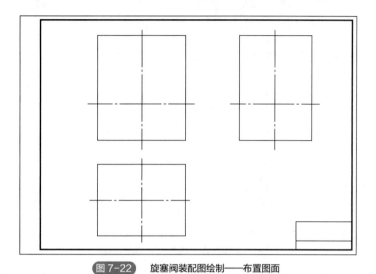

图 7-22　旋塞阀装配图绘制——布置图面

③ 画主要零件轮廓。画装配图一般应从主要装配线画起，故旋塞阀的装配图从主视图开始，其他视图结合起来绘制。从主要装配干线起定位作用的主要零件画起，按照装配顺序逐步绘制。主要零件需根据具体的机器或部件进行分析确定。同时要考虑零件之间的遮盖问题，并随时检查零件间的装配关系是否正确。还要检查零件间有无干扰和相互碰撞，并及时纠正。对应旋塞阀的装配图应先画阀体再依次画阀杆、填料压盖、螺栓及填料，如图 7-23 和图 7-24 所示。

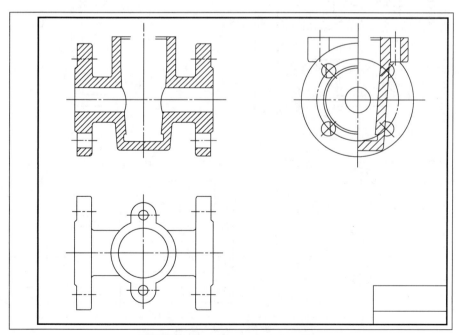

图 7-23　旋塞阀装配图绘制——绘制阀体

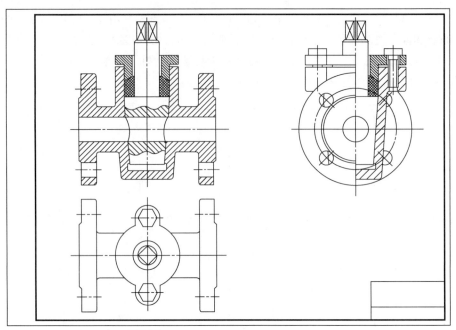

图 7-24　旋塞阀装配图绘制——绘制其他零件

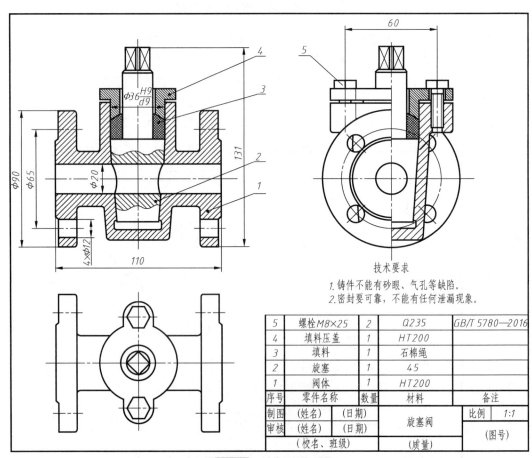

图 7-25　旋塞阀装配图

（4）标注尺寸，注写技术要求

① 标注尺寸。标注旋塞阀的规格尺寸、装配尺寸、总体尺寸、安装尺寸和其他尺寸。旋塞阀的规格尺寸为 $\phi20$，它表明了旋塞阀与所连通的管道通径规格；装配尺寸，如填料压盖和阀体孔腔间的配合尺寸 $\phi36H9/d9$ 以及两个螺栓间的距离 60；旋塞阀的外形尺寸为整个装配体的总长 110、总宽 $\phi90$ 和总高 131。此外，旋塞阀的安装尺寸为旋塞阀阀体两端连接孔的定形和定位尺寸 $4\times\phi12$ 和 $\phi65$，如图 7-25 所示。

② 注写技术要求，如图 7-25 所示。

（5）为零件编号并填写明细栏和标题栏（图 7-25）

（6）完成装配图

检查整个装配图，正确无误后对整个装配图进行加深，如图 7-25 所示。

7.6 读装配图

在设计、制造、装配、使用、维修和技术交流过程中，都需要读懂装配图。读懂装配图是工程技术员必备的能力。

7.6.1 读装配图的方法和步骤

通过阅读装配图需要了解以下内容：
① 机械或部件的名称、功用、性能和工作原理。
② 各个零件间的相互位置及装配关系。
③ 各个零件的主要结构、形状和作用。
④ 其他系统，如润滑系统、防漏装置等的原理和构造。
读装配图的方法和步骤如下：

（1）初步了解

① 通过阅读有关说明书、装配图的工作原理介绍、装配示意图、技术要求等了解装配体的功用、性能和工作原理。
② 对照明细栏和装配图中零件序号，查找各个零件在装配图中的对应位置，了解零件数量、材料、规格、是否为标准件。
③ 对装配图中各视图进行分析，找出各视图的表达方法、剖切形式、投影关系，明确各视图的表达重点。

（2）深入了解机器或部件的工作原理和装配关系

① 从反映装配关系比较明显的视图入手，根据装配干线，再对照其他视图的投影对装配图进行分析。

② 根据剖面线和零件序号对各零件进行分离,分清零件的轮廓。
③ 对各零件进行结构分析,确定零件的内外形状。
④ 分析零件在机器中的运动情况以及零件的定位、连接和配合要求。

(3) 综合分析,读懂全图

在分析出装配体的总体形状和各零件的形状后,结合图上所标注的尺寸和技术要求,读懂装配图。

7.6.2 读装配图举例

现以齿轮油泵装配图(图7-26)为例,具体说明装配图的读图过程。

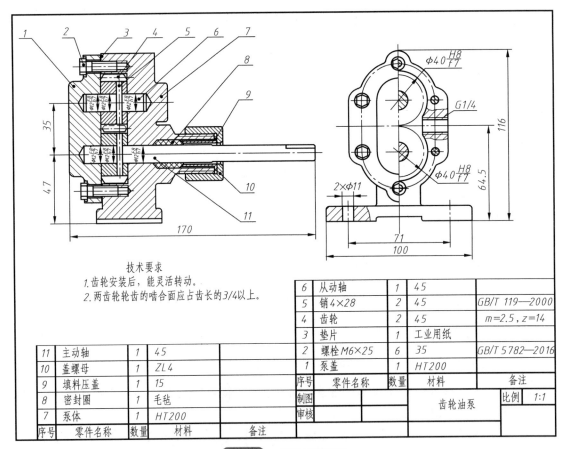

图 7-26　齿轮油泵装配图

泵是输送流体或使流体增压的机械。它能把流体抽出或压入容器,也能把流体送到高处。齿轮油泵是依靠泵体与啮合齿轮间所形成的工作容积变化和移动来输送液体或使之增压的回转泵。由两个齿轮、泵体与泵盖组成两个封闭空间。当齿轮转动时,齿轮脱开侧的空间的体积从小变大,形成真空,将液体吸入,齿轮啮合侧的空间的体积从大变小,而将液体挤入管路。吸入腔与排出腔是靠两个齿轮的啮合线隔开的。工作原理如图7-27所示。

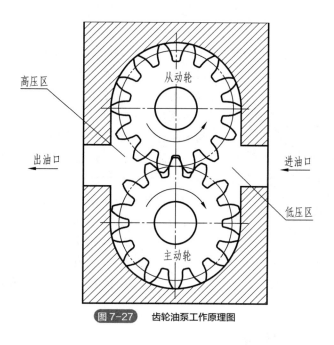
图 7-27　齿轮油泵工作原理图

（1）概括了解装配图

在标题栏中看到图名为齿轮油泵，就可以大致了解该机器是通过齿轮传动输送油的装置。由明细栏可知，图中有 2 种零件的备注中注有标准号，说明该类零件为标准件。由零件的数量可知，齿轮油泵是由 18 个零件构成，其中标准件的个数为 8 个，分别为 6 个螺栓、2 个销。装配图中有两个视图，其中主视图采用了全剖视图，剖切位置在装配体的前后对称面处，表达了齿轮油泵的两条装配线上零件间的位置关系和装配关系以及泵盖与泵体的连接方式。左视图采用了半剖视图，沿着泵体和泵盖的结合面剖切，表达了泵体的外形、泵盖与泵体的连接孔分布以及齿轮油泵的工作原理。采用局部剖视来表达进油口结构和泵体底板的安装孔结构。

（2）结合视图，分析装配体的工作原理

结合对齿轮油泵的基本认识和装配图，可以了解齿轮油泵的工作原理。当主动轴上齿轮逆时针转动，从动轴上齿轮顺时针转动，齿轮啮合区右边的压力降低，油池中的油在大气压力作用下，从进油口进入泵腔内。随着齿轮的转动，齿槽中的油不断沿箭头方向被轮齿带到左边，高压油从出油口送到输油系统。G1/4 的标记说明进油口和出油口孔腔上设计有管螺纹，规格为 G1/4。

（3）分析零件间的装配关系和装配体结构

从装配图主视图可以看出，齿轮油泵有两条装配线。一条为主动轴装配线，该装配线以主动轴为核心，轴的左端标有装配尺寸 $\phi12F8/h7$，该尺寸表示了主动轴左端与泵盖孔腔的装配关系为基轴制间隙配合，主动轴左端可以在孔腔中转动；主动轴的右侧标有装配尺寸 $\phi12F8/h7$，该尺寸表示了主动轴右侧与泵体孔腔的装配关系也为基轴制间隙配合，主动轴可以在泵体孔腔中转动。主动轴上齿轮与主动轴接触处标有装配尺寸 $\phi12F8/h7$，表明主动轴与齿轮也为基轴制间隙配合，二者通过销连接来固定。为防止液体漏出，通过拧紧填料压盖和盖螺母将密封圈压紧，起到密封作用。

另一条装配线为从动轴装配线。从动轴的左端和右端与泵盖和泵体孔腔的装配尺寸均为 ϕ12F8/h7，其装配关系为基轴制间隙配合，表明从动轴可以在两个孔腔中转动。从动轴上齿轮与从动轴接触处标有装配尺寸 ϕ12F8/h7，表明从动轴与齿轮也为基轴制间隙配合，二者通过销连接来固定。

泵盖与泵体是通过 6 个 M6 的螺栓来进行连接的。泵盖和泵体上孔的分布可由左视图分析出来。为防止润滑油沿泵体和泵盖连接处渗漏，中间加垫片进行密封。同时用垫片可以调整齿轮与泵盖的轴向间隙。

齿轮油泵的主要零件泵体、泵盖的主要形状体现在左视图上，再结合主视图和俯视图中三个零件对应的投影可以知道装配体的总体形状和结构，如图 7-28 所示。

图 7-28　齿轮油泵立体图

7.7　由装配图拆画零件图

由装配图拆画零件图是设计工作的一个重要内容，是工程技术人员必备的基本功，它也是读懂装配图的主要目的之一。下面以拆画齿轮油泵装配图中泵盖为例，说明拆画零件图的步骤和方法。

7.7.1　从装配图中分离零件

可依据以下几个方面从装配图中分离出零件：

① 零件序号。通过零件序号，在装配图中找到要拆画的零件的位置。

② 剖面线。装配体相邻两个零件的剖面线方向和间隔是不同的，而同一个零件的剖面线在不同的视图中则必须相同。根据这一原则，可以找到与拆画零件相关的轮廓线。

③ 对应投影关系。根据不同视图间对应的投影规律，找到不同视图上与拆画零件对应的投影，并进行投影分析，想象出拆画零件的形状和结构。

按照上述方法，从齿轮油泵的装配图中分离出泵盖的投影如图 7-29 所示，可以想象出泵盖的立体结构，如图 7-30 所示。

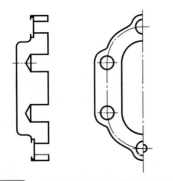

图 7-29　齿轮油泵装配图中分离出的泵盖投影

图 7-30　由投影想象出的泵盖立体结构

7.7.2 绘制零件图

绘制零件图的过程已在第 6 章中详细介绍过，现结合齿轮油泵泵盖的特点具体说明。

（1）确定表达方案

拆画零件图时，零件的表达方案是根据零件的结构形状特点考虑的，不一定与装配图一致。在第 6 章中介绍了不同类型零件表达方案的确定方法，本节的拆画对象——泵盖属于盘盖类零件，在确定放置位置时应按加工位置来放置，并把泵盖的非圆投影作为主视图。由于泵盖对称且内部有孔腔，其主视图选择全剖视图来表达。主视图选定后，用其他视图来补充主视图上未表达出的泵盖上的阶梯孔和泵盖的主要形状。选定的表达方案如图 7-31 所示，方案一右视图表达泵盖的外形和孔的分布，主视图采用全剖视图表示泵盖的内部结构。方案二主视图采用全剖视图表示泵盖的内部结构，左视图表达泵盖的外形和孔的分布。比较两个方案，方案二较好。

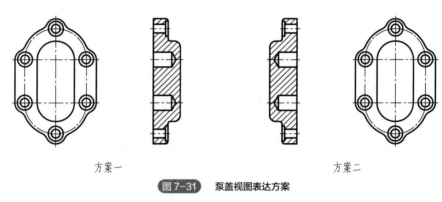

方案一　　　　　　　　　　　　方案二

图 7-31　泵盖视图表达方案

绘制零件图时，要注意将原装配图中省略不画的工艺结构，如倒角、倒圆、退刀槽等补上，并查阅相关标准进行标准化。

（2）标注尺寸

零件图中标注的尺寸用于零件的加工和检验，因此零件图中要标注零件的完整尺寸。零件图中尺寸标注可按下列方法进行：

① 对于装配图中已经标注的尺寸可进行分析后直接标注。如泵盖两个孔腔中心距 35，可直接标注在零件图上。对于两个装配尺寸 $\phi 12F8/h7$，可将其中关于孔腔的装配尺寸分离出来标注为 $\phi 12F8$。

② 与标准件相连接或配合的有关尺寸，比如螺纹的尺寸、与螺纹紧固件连接的零件通孔直径、与键和销连接相关的键槽深度等尺寸，还有某些工艺结构尺寸，比如倒角、倒圆、退刀槽、铸造圆角等尺寸，都需要从相关标准中查取。本节拆画的泵盖螺栓连接孔的直径就可从标准中查出。

③ 对于齿轮、弹簧等常用件，应根据装配图明细栏中提供的参数，通过计算来确定。

④ 对于装配图中没有标注出的零件其他尺寸，由于这部分结构在进行装配图设计时已经过

考虑，虽未标注尺寸，但在装配图中的绘制是正确的。因此，可在装配图中直接量取，并根据装配图的绘图比例进行换算和圆整后标注出来。

⑤ 相邻零件接触面的有关尺寸及连接件的有关定位尺寸要协调一致。如本例中泵盖上用于螺栓连接的阶梯孔定位尺寸就与泵体上螺纹孔的定位尺寸一致。

在确定每个部分的尺寸后，对零件图的标注要结合立体形状和工艺加工的要求，按照形体分析的方法依次进行合理标注。泵盖零件图的尺寸标注如图 7-32 所示。

（3）确定技术要求

零件图中的技术要求主要包括表面结构、极限与配合、几何公差等。技术要求的制定需要有较强的工程设计制造经验。零件上各表面结构要根据其作用和要求确定，也可以采用类比法进行选择。一般接触面与配合面的表面粗糙度数值较小，不与其他零件接触的表面粗糙度数值较大。拆画后的泵盖零件图如图 7-32 所示。

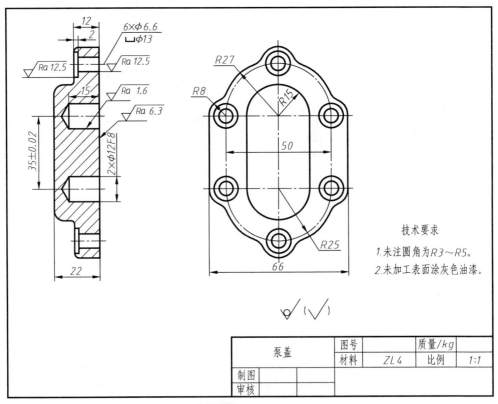

图 7-32　泵盖零件图

7.8　计算机辅助机械装置装配设计与拆装

以虎钳装配设计与拆装动画生成为例，介绍计算机辅助机械装置装配设计与拆装。虎钳装配关系示意图如图 7-33 所示。

第7章 装配图

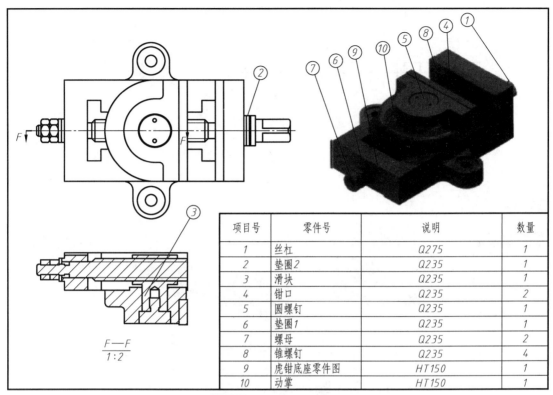

项目号	零件号	说明	数量
1	丝杠	Q275	1
2	垫圈2	Q235	1
3	滑块	Q235	1
4	钳口	Q235	2
5	圆螺钉	Q235	1
6	垫圈1	Q235	1
7	螺母	Q235	2
8	锥螺钉	Q235	4
9	虎钳底座零件图	HT150	1
10	动掌	HT150	1

图7-33　虎钳装配关系示意图

7.8.1　虎钳零件三维设计

（1）丝杠零件三维设计（图7-34）

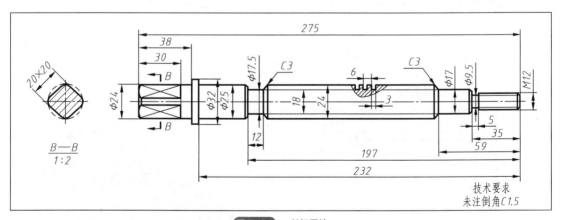

图7-34　丝杠零件

丝杠零件三维设计步骤：

① 选择前视面—绘制草图—退出草图—完成草图旋转操作，见图7-35。

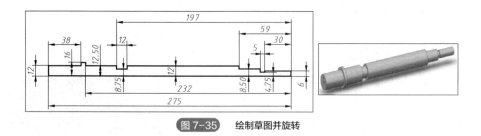

图 7-35　绘制草图并旋转

② 选择"插入"—"注解"—"装饰螺纹线",生成修饰螺纹;选择轴前端面—绘制草图—拉伸除料—完成倒角,见图 7-36。

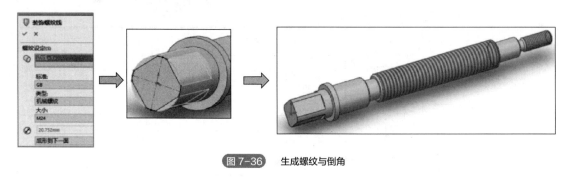

图 7-36　生成螺纹与倒角

(2)虎钳底座零件三维设计(图 7-37)

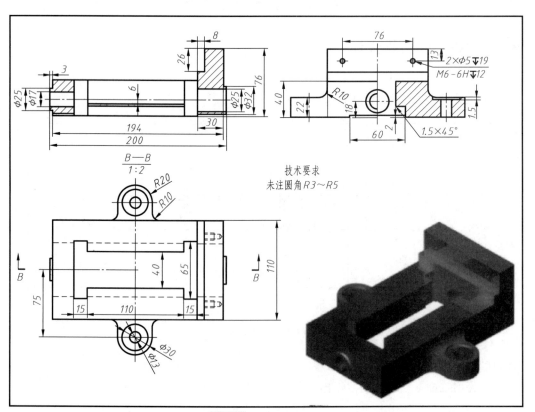

图 7-37　虎钳底座零件

虎钳底座零件三维设计步骤：
① 选择上视面—绘制草图—退出草图—拉伸高度 76mm，见图 7-38。

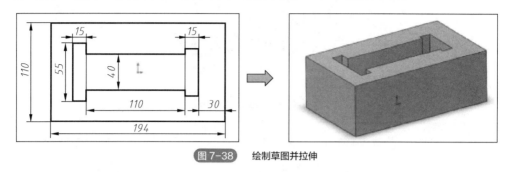

图 7-38　绘制草图并拉伸

② 按顺序完成图 7-39 所示操作。

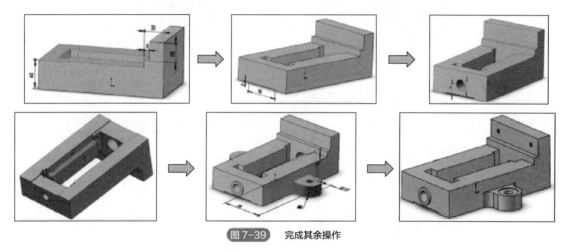

图 7-39　完成其余操作

（3）钳口零件三维设计（图 7-40）

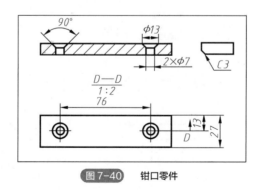

图 7-40　钳口零件

钳口零件三维设计步骤：
① 选择前视面—绘制草图—拉伸 8mm，见图 7-41。
② 单击异型孔向导—选择孔类型并设置参数—确定孔位置，见图 7-42。

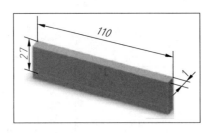

图 7-41　绘制草图并拉伸

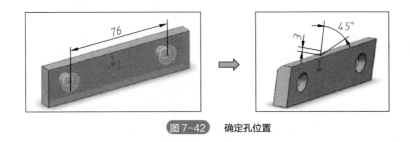

图 7-42　确定孔位置

（4）圆螺钉零件三维设计（图 7-43）

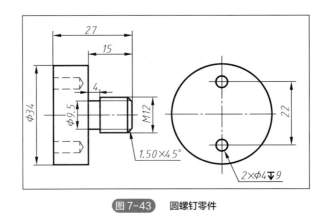

图 7-43　圆螺钉零件

圆螺钉零件三维设计步骤：
① 选择前视面绘制草图，退出草图后，完成草图旋转操作，见图 7-44。

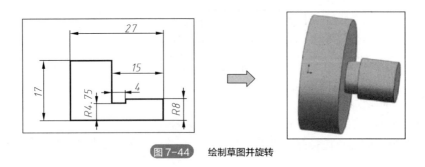

图 7-44　绘制草图并旋转

② 选择"插入"—"注解"—"装饰螺纹线"，完成装饰螺纹操作，完成 1.5×45°倒角操作。

③ 单击异型孔向导,确定孔样式和深度,见图 7-45。

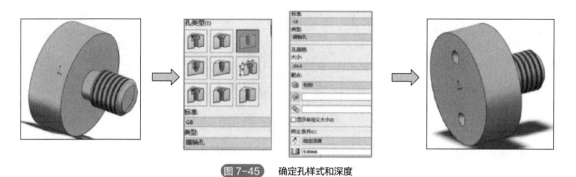

图 7-45　确定孔样式和深度

(5)动掌零件三维设计(图 7-46)

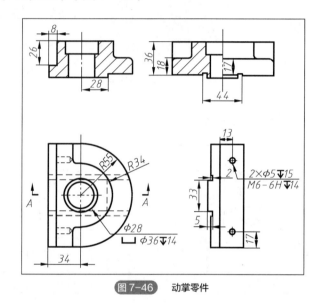

图 7-46　动掌零件

动掌零件三维设计步骤:

① 选择上视面—绘制草图—拉伸 36mm,完成除料操作,见图 7-47。

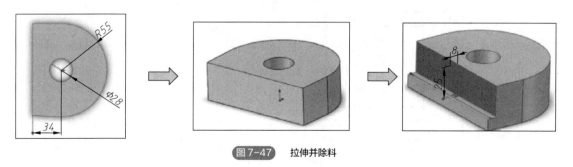

图 7-47　拉伸并除料

② 选择前视面—绘制草图—对称旋转除料 180°,底板拉伸 33×3 凸台,见图 7-48。

图 7-48　完成凸台

③ 完成底板凹槽等除料操作，选择异型孔向导，完成螺孔操作，见图 7-49。

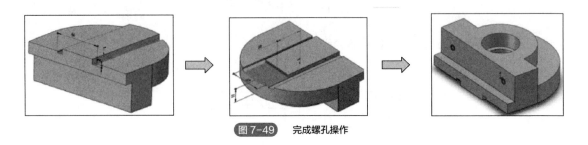

图 7-49　完成螺孔操作

（6）滑块零件三维设计（图 7-50）

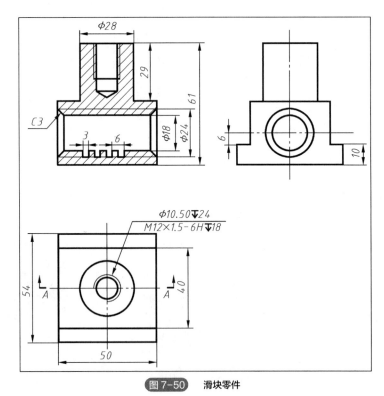

图 7-50　滑块零件

滑块零件三维设计步骤：

① 选择右视面—绘制草图—对称拉伸 50mm，完成圆柱拉伸，见图 7-51。

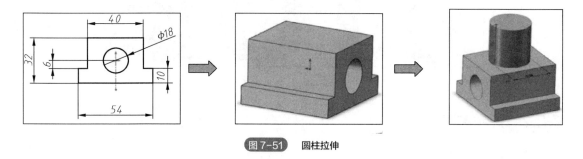

图 7-51　圆柱拉伸

② 选择"插入"—"注解"—"装饰螺纹线",完成装饰螺纹操作;选择异型孔向导,选择孔类型和深度,完成竖直螺纹孔操作,见图 7-52。

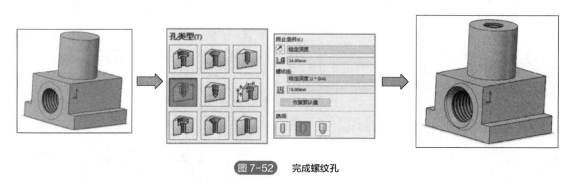

图 7-52　完成螺纹孔

（7）标准件垫圈 1、螺钉、垫圈 2 和螺母（图 7-53）

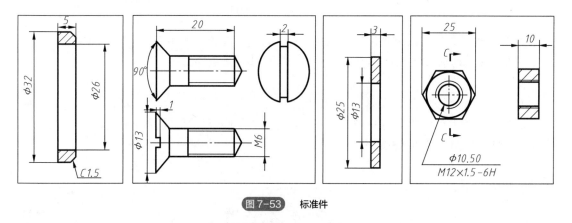

图 7-53　标准件

标准件垫圈 1、螺钉、垫圈 2 和螺母三维设计步骤：

① 选择设计库,选择相应标准件,选择确定尺寸,注意根据图纸对标准件进行修正,见图 7-54。

② 标准件生成后另存为,单击"选项"—"文件属性"—异型孔向导/Toolbox,此处勾选去除"将此文件夹设为 Toolbox 零部件的默认搜索位置"。

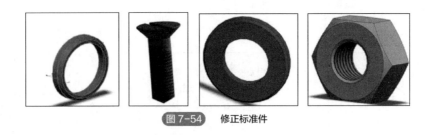

图 7-54　修正标准件

7.8.2　虎钳装配设计

虎钳装配步骤 1：

① 将完成的所有虎钳零件存入同一个文件夹；

② 完成零件材料编辑操作，在特征树右击鼠标选择"材质"—"编辑材料"，选择该零件所需材料，点击"应用"，见图 7-55。

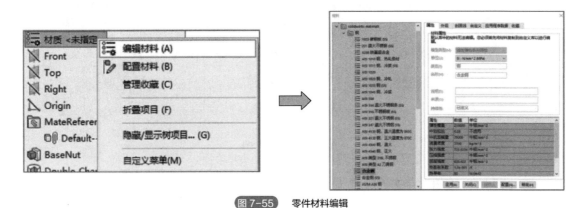

图 7-55　零件材料编辑

③ 每一个零件都完成材料编辑—应用—保存，为装配工程图明细栏自动输出做准备。

虎钳底座、动掌选择铸造碳钢，其他零件选择 316L 不锈钢。

虎钳装配步骤 2：

① 单击"新建"—"装配体"，进入装配；

② 单击"插入零部件"，选择虎钳底座，再次单击"插入零部件"，选择滑块，单击"配合"，完成两次贴合操作，见图 7-56；

图 7-56　贴合操作

③ 单击"插入零件"，插入动掌、钳口、丝杠等，点击"配合"，完成各零件配合操作，见图 7-57。

图 7-57 配合操作

7.8.3 虎钳装配工程图生成

① 打开工程图 A2 模板,单击"模型视图"—"浏览",选择虎钳装配体,确定比例,生成俯视图。

② 单击"剖面视图",确定剖切位置,选择不参与剖切零件(丝杠和圆螺母),完成主视图全剖视图。

注意:如果装饰螺纹没有显示,单击"插入"—"模型选项"—,见图 7-58。

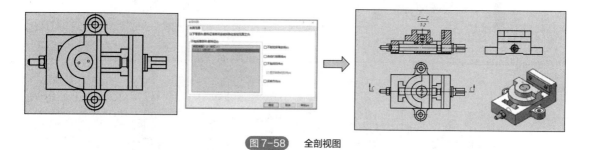

图 7-58 全剖视图

③ 单击"投影视图",完成左视图和立体图。
④ 单击"注解"—"中心线",完成零件图中心线绘制。
⑤ 单击"自动零件序号",调整零件序号位置,单击"选项"—"文档属性"—"注解",可修改零件序号数字大小;选择"表格"—"材料明细表",选择表格模板,选择装配图,见图 7-59。

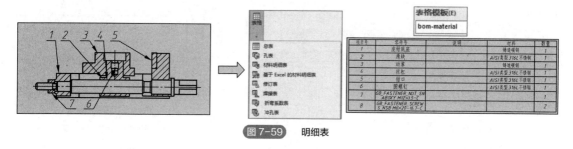

图 7-59 明细表

⑥ 单击表格,调整表格大小,完成表格修改编辑,见图 7-60。
⑦ 单击"智能尺寸",完成装配必要尺寸标注。
⑧ 单击"注释",可完成技术要求书写,见图 7-61。

项目号	零件号	说明	材料	数量
8	GB_FASTENER_SCREWS_NSB M6×20-16.7-C			2
7	GB_FASTENER_NUT_SNAB1XY M12×1.5-C			1
6	圆螺钉		AISI 类型 316L 不锈钢	1
5	钳口		AISI 类型 316L 不锈钢	1
4	丝杠		AISI 类型 316L 不锈钢	1
3	动掌		铸造碳钢	1
2	滑块		AISI 类型 316L 不锈钢	1
1	虎钳底座		铸造碳钢	1

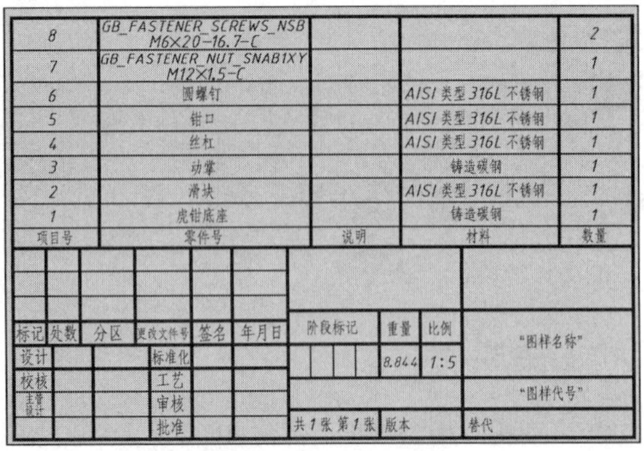

图 7-60 表格修改编辑

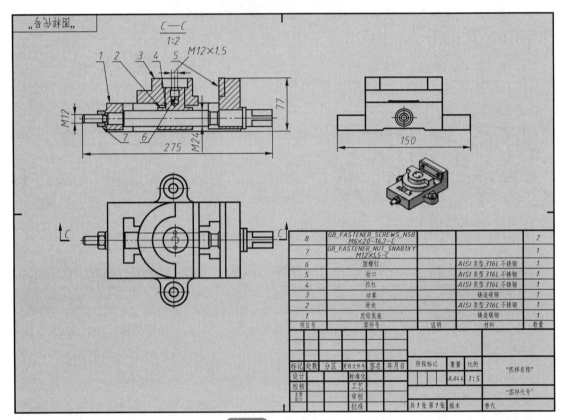

图 7-61 技术要求书写

7.8.4 虎钳拆装动画生成

① 单击“爆炸视图”，选择爆炸零件，选择爆炸路径，移动零件到设定位置，见图 7-62。

② 单击“运动算例 1”—“动画向导”，选择爆炸或解除爆炸，设置时间，完成模型拆装动画，见图 7-63。

第 7 章 装配图

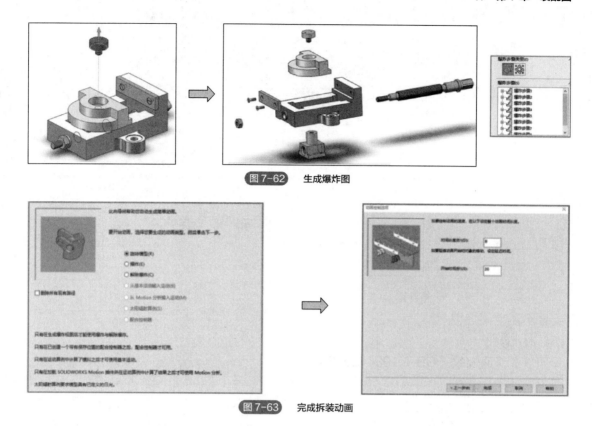

图 7-62 生成爆炸图

图 7-63 完成拆装动画

 本章小结

本章主要介绍装配图的作用与内容，装配图的规定画法和特殊画法，装配图的视图选择，装配图的尺寸标注及装配图的零件序号和明细栏，画装配图的方法与步骤以及常见装配结构。利用成图技术实现零件的装配、爆炸及生成装配工程图。

思考题

1. 装配图与零件图构成有哪些不同？
2. 装配图的特殊画法有哪些？
3. 在装配图中，编排零部件序号时应遵循哪些规定？
4. 利用成图技术生成装配工程图的注意事项有哪些？

附录一

（1）普通螺纹（GB/T 193—2003）

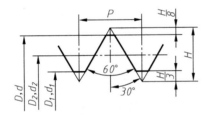

附图 1-1　普通螺纹

代号示例

公称直径 24mm，螺距 1.5mm，右旋的细牙普通螺纹：

M24×1.5

附表 1-1　直径与螺距系列、基本尺寸　　mm

公称直径 D、d			螺距 P		粗牙小径 D_1、d_1
第一系列	第二系列	第三系列	粗牙	细牙	
4			0.7	0.5	3.242
5			0.8		4.134
6			1	0.75，（0.5）	4.917
	7				5.917
8			1.25	1，0.75，（0.5）	6.647
10			1.5	1.25，1，0.75，（0.5）	8.376
12			1.75	1.5，1.25，1，（0.75），（0.5）	10.106
	14		2		11.835
		15		1.5、（1）	13.376
16			2	1.5，1，（0.75），（0.5）	13.835
	18		2.5	2，1.5，1，（0.75），（0.5）	15.294

续表

公称直径 D、d			螺距P		粗牙小径 D_1、d_1
第一系列	第二系列	第三系列	粗牙	细牙	
20			2.5		17.294

注：1. 直径优先选用第一系列，括号内尺寸尽可能不用。

2. 公称直径 D、d 第三系列未列入。

（2）梯形螺纹（GB/T 5796.3—2005）

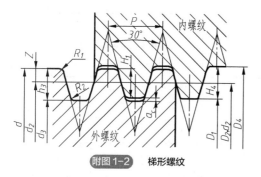

附图 1-2　梯形螺纹

d——外螺纹大径（公称直径）；

P——螺距；

d_2——外螺纹中径，$d_2=d-2Z=d-0.5P$；

D_2——内螺纹中径，$D_2=d-2Z=d-0.5P$；

d_3——外螺纹小径，$d_3=d-2h_3$；

D_1——内螺纹小径，$D_1=d-2h_1=d-P$；

D_4——内螺纹大径，$D_4=d+2a_c$。

附表 1-2　梯形螺纹基本尺寸　　　　　　mm

公差直径 d		螺距 P	中径 $d_2=D_2$	大径 D_4	小径		公差直径 d		螺距 P	中径 $d_2=D_2$	大径 D_4	小径	
第一系列	第二系列				d_3	D_1	第一系列	第二系列				d_3	D_1
8		1.5	7.25	8.3	6.2	6.5	20		2	19	20.5	17.5	18
	9	1.5	8.25	9.3	7.2	7.5			4	18	20.5	15.5	16
		2	8.00	9.5	6.5	7.0			3	20.5	22.5	18.5	19
10		1.5	9.25	10.3	8.2	8.5		22	5	19.5	22.5	16.5	17
		2	9.00	10.5	7.5	8.0			8	18		13	14
	11	2	10.00	11.5	8.5	9.0			3	22.5	24.5	20.5	21
		3	9.50	11.5	7.5	8.0	24		5	21.5	24.5	18.5	19
12		2	11.00	12.5	9.5	10.0			8	20	25	15	16
		3	10.50	12.5	8.5	9.0			3	24.5	26.5	22.5	23
	14	2	13	14.5	11.5	12		26	5	23.5	26.5	20.5	21
		3	12.5	14.5	10.5	11			8	22	27	17	18
16		2	15	16.5	13.5	14			3	26.5	28.5	24.5	25
		4	14	16.5	11.5	12	28		5	25.5	28.5	22.5	23
	18	2	17	18.5	15.5	16			8	14	29	19	20
		4	16	18.5	13.5	14							

续表

公差直径 d		螺距 P	中径 $d_2=D_2$	大径 D_4	小径		公差直径 d		螺距 P	中径 $d_2=D_2$	大径 D_4	小径	
第一系列	第二系列				d_3	D_1	第一系列	第二系列				d_3	D_1
	30	3	28.5	30.5	26.5	27	42		3	40.5	42.5	38.5	39
		6	27	31	23	24			7	38.5	43	34	35
		10	25	31	19	20			10	37	43	31	32
32		3	30.5	32.5	28.5	29		44	3	42.5	44.5	40.5	41
		6	29	33	25	26			7	40.5	45	36	37
		10	27	33	21	22			12	38	45	31	32
	34	3	23.5	34.5	30.5	31	46		3	44.5	46.5	42.5	43
		6	31	35	27	28			8	42.0	47	37	38
		10	29	35	23	24			12	40.0	47	33	34
36		3	34.5	26.5	32.5	33		48	3	46.5	48.5	44.5	45
		6	33	27	29	30			8	44	49	39	40
		10	31	27	25	26			12	42	49	35	36
	38	3	36.5	38.5	34.5	35	50		3	48.5	50.5	46.5	47
		7	34.5	39	30	31			8	46	51	41	42
		10	33	39	27	28			12	44	51	37	38
40		3	38.5	40.5	36.5	37		52	3	50.5	52.5	48.5	49
		7	36.5	41	32	33			8	48	53	43	44
		10	35	41	29	30			12	46	53	39	40

(3) 管螺纹（GB/T 7307—2001）

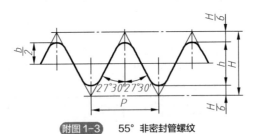

附图 1-3　55° 非密封管螺纹

附表 1-3　管螺纹的尺寸代号及基本尺寸　　　　　　　　mm

尺寸代号	每 25.4 mm 内所含的牙数 n	螺距 P	牙高 h	基本直径或基准平面内的基本直径			基准距离（基本）	外螺纹的有效螺纹不小于
				大径（基本直径）$d=D$	中径 $d_2=D_2$	小径 $d_1=D_1$		
1/16	28	0.907	0.581	7.723	7.142	6.561	4	6.5

续表

尺寸代号	每 25.4 mm 内所含的牙数 n	螺距 P	牙高 h	基本直径或基准平面内的基本直径			基准距离（基本）	外螺纹的有效螺纹不小于
				大径（基本直径）$d=D$	中径 $d_2=D_2$	小径 $d_1=D_1$		
1/8	28	0.907	0.581	9.728	9.147	8.566	4	6.5
1/4	19	1.337	0.856	13.157	12.301	11.445	6	9.7
3/8	19	1.337	0.856	16.662	15.806	14.950	6.4	10.1
1/2	14	1.814	1.162	20.955	19.793	18.631	8.2	13.2
3/4	14	1.814	1.162	26.441	25.279	24.117	9.5	14.5
1	11	2.309	1.479	33.249	31.770	30.291	10.4	16.8
$1\frac{1}{4}$	11	2.309	1.479	41.910	40.431	38.952	12.7	19.1
$1\frac{1}{2}$	11	2.309	1.479	47.803	46.324	44.845	12.7	19.1
2	11	2.309	1.479	59.614	58.135	56.656	15.9	23.4
$2\frac{1}{2}$	11	2.309	1.479	75.184	73.705	72.226	17.5	16.7
3	11	2.309	1.479	87.884	86.405	84.926	20.6	19.8
4	11	2.309	1.479	113.030	111.551	110.072	25.4	35.8
5	11	2.309	1.479	138.430	136.951	135.472	28.6	40.1
6	11	2.309	1.479	163.830	162.351	160.872	28.6	40.1

附录二

(1) 螺栓 (GB/T 5782—2016)

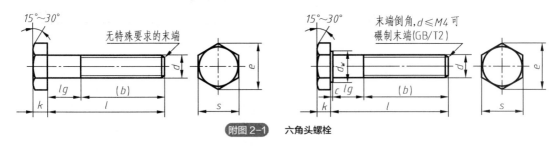

附图 2-1　六角头螺栓

螺纹规格 d=M12、公称长度 l=80mm、性能等级为 8.8 级、表面氧化、A 级的六角头螺栓的标记：

螺栓　GB/T 5782　M12×80

附表 2-1　螺栓的基本尺寸　　　　　　　　　　　　　　　　　mm

螺纹规格 d		M3	M4	M5	M6	M8	M10	M12	M16	M20	M24	M30	M36	M42
b 参考	l≤125	12	14	16	18	22	26	30	38	46	54	66	78	—
	125<l≤200	—	—	—	—	28	32	36	44	52	60	72	84	96
	l≥200	—	—	—	—	—	—	—	57	65	73	85	97	109
e (A级 min)		6.01	7.66	8.79	11.05	14.38	17.77	20.03	26.75	33.53	39.98	50.9	60.8	72
k 公称		2	2.8	3.5	4	5.3	6.4	7.5	10	12.5	15	18.7	22.5	26
r		0.1	0.2	0.2	0.25	0.4	0.4	0.6	0.6	0.8	0.8	1	1	1.2
s 公称		5.5	7	8	10	13	16	18	24	30	36	46	55	65

续表

l（商品规格范围）	20~30	25~40	25~50	30~60	35~80	40~100	45~120	55~160	65~200	80~240	90~300	110~360	130~400
L 系列	12，16，20，25，30，35，40，45，50，55，60，65，70，80，90，100，110，120，130，140，150，160，180，200，220，240，260，280，300，320，340，360，380，400，420，440，460，480，500													

注：A 级用于 $d \leqslant 24$mm 和 $f \leqslant 10d$ 或 $\leqslant 150$mm 的螺栓；B 级用于 $d > 4$mm 和 $f > 10d$ 或 > 150mm 的螺栓。

（2）螺母 GB/T 6170—2015

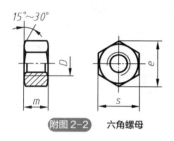

附图 2-2　六角螺母

1 型六角螺母 A 级和 B 级（GB/T 6170—2015）标记示例
螺纹规格为 M12、性能等级为 10 级、不经表面处理、产品等级为 A 级的 1 型六角螺母的标记：

螺母 GB/T 6170　M12

附表 2-2　螺母的基本尺寸　　　　　　　　　　　mm

螺纹规格 D		M3	M4	M5	M6	M8	M10	M12	M16	M20	M24	M30	M36
e_{min}		6.01	7.66	8.79	11.05	14.38	17.77	20.03	26.75	32.95	39.55	50.85	60.79
s	max	5.5	7	8	10	13	16	18	24	30	36	46	55
	min	5.32	6.78	7.78	9.78	12.73	15.73	17.73	23.67	29.16	35	45	53.8
m	max	2.4	3.2	4.7	5.2	6.8	8.4	10.8	14.8	18	21.5	25.6	31
	min	2.15	2.9	4.4	4.9	6.44	8.04	10.37	14.1	16.9	20.2	24.3	29.4

（3）螺钉

标记示例：螺纹规格为 M5、公称长度 $l=20$ mm、性能等级为 4.8 级、不经表面处理的 A 级开槽圆柱头螺钉的标记：

螺钉 GB/T 65　M5×20

附表 2-3　螺钉的基本尺寸　　　　　　　　　　　mm

螺纹规格 d		M1.6	M2	M2.5	M3	(M3.5)	M4	M5	M6	M8	M10
a_{max}		0.7	0.8	0.9	1	1.2	1.4	1.6	2	2.5	3
b_{min}		25					38				
n 公称		0.4	0.5	0.6	0.8	1	1.2	1.2	1.6	2	2.5
GB/T 67	d_{kmax}	3	3.8	4.5	5.5	6	7	8.5	10	13	16
	k_{max}	1.1	1.4	1.8	2	2.4	2.6	3.3	3.9	5	6
	T_{min}	0.45	0.6	0.7	0.85	1	1.1	1.3	1.6	2	2.4
	d_{kmax}	2	2.6	3.1	3.6	4.1	4.7	5.7	6.8	9.2	11.2
	r_{max}	0.1					0.2	0.25		0.4	
	商品规格长度 l	2~16	3~20	3~25	4~30	5~35	5~40	6~50	8~60	10~80	12~80

215

续表

全螺纹长度 *l*		2~30	3~30	3~30	4~30	5~40	5~40	6~40	8~40	10~40	12~40
GB/T 67	d_{kmax}	3.2	4	5	5.6	7	8	9.5	12	16	20
	k_{max}	1	1.3	1.5	1.8	2.1	2.4	3	3.6	4.8	6
	T_{min}	0.35	0.5	0.6	0.7	0.8	1	1.2	1.4	1.9	2.4
	d_{kmax}	2	2.6	3.1	3.6	4.1	4.7	5.7	6.8	9.2	11.2
	r_{min}										
	商品规格长度 *l*	2~16	2.5~20	3~25	4~30	5~35	5~40	6~50	8~60	10~80	12~80
	全螺纹长度 *l*	2~30	2.5~30	3~30	4~30	5~40	5~40	6~40	8~40	10~40	12~40

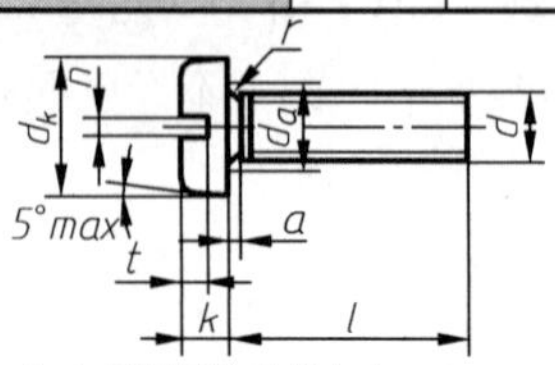

(a) 开槽圆柱头螺钉(GB/T 65—2016)

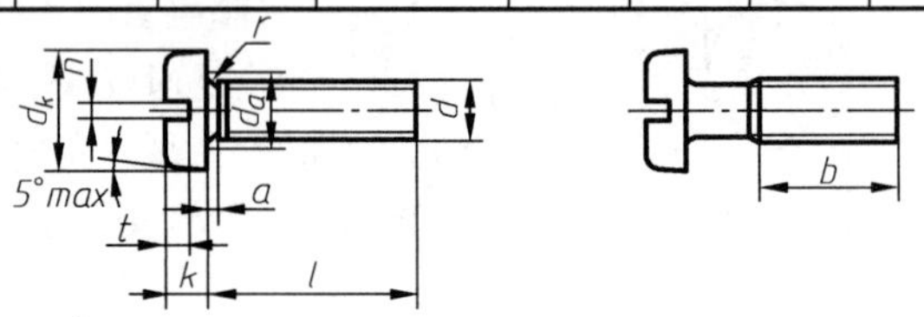

(b) 开槽盘头螺钉(GB/T 67—2016)

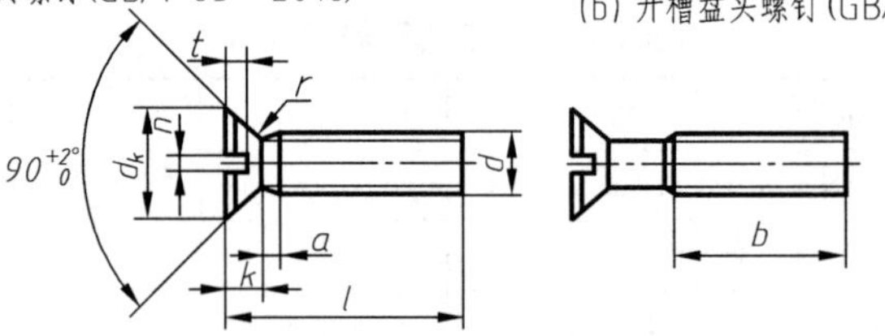

(c) 开槽沉头螺钉(GB/T 68—2016)

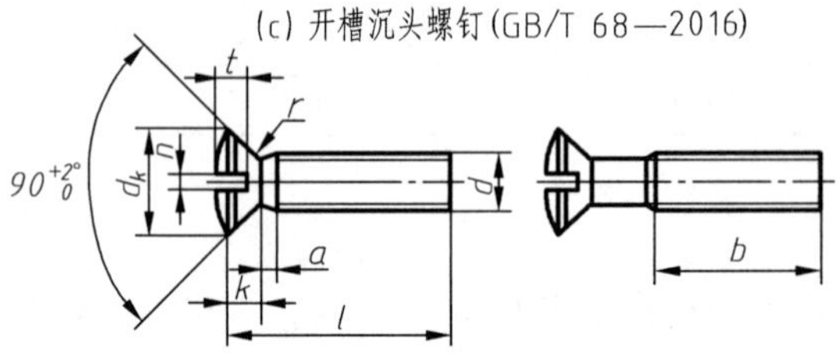

(d) 开槽半沉头螺钉(GB/T 69—2016)

附图 2-3 螺钉

标记示例：螺纹规格为 M5，公称长度 *l*=12mm、钢制、硬度等级 14H 级、表面不经处理、产品等级 A 级的开槽锥端紧定螺钉的标记为

螺钉 GB/T 71 M5×12

附表 2-4 紧钉螺钉的基本尺寸 mm

螺纹规格 *d*	M1.2	M1.6	M2	M2.5	M3	M4	M5	M6	M8	M10	M12
螺距 *P*	0.25	0.35	0.4	0.45	0.5	0.7	0.8	1	1.25	1.5	1.75
d_f≈	螺纹小径										
n 公称	0.2	0.25		0.4		0.6	0.8	1	1.2	1.6	2
T_{max}	0.52	0.74	0.84	0.95	1.05	1.42	1.63	2	2.5	3	3.6
d_1≈	—	—	—	—	1.7	2.1	2.5	3.4	4.7	6	7.3

续表

d_2(推荐)		—	—	—	—	1.8	2.2	2.6	3.5	5	6.5	8
d_{zmax}		—	0.8	1	1.2	1.4	2	2.5	3	5	6	8
d_{tmax}		0.12	0.16	0.2	0.25	0.3	0.4	0.5	1.5	2	2.5	3
d_{pmax}		0.6	0.8	1	1.5	2	2.5	3.5	4	5.5	7	8.5
z	GB/T75	—	1.05	1.25	1.5	1.75	2.25	2.75	3.25	4.3	5.3	6.3
	GB/T72	—	—	—	—	1.5	2	2.5	3	4	5	6
商品规格长度 l	GB/T71	2~6	2~8	3~10	3~12	4~16	6~20	8~25	8~30	10~40	12~50	14~60
	GB/T72	—	—	—	—	4~16	4~20	5~20	6~25	8~35	10~45	12~50
	GB/T73	2~6	2~8	2~10	2.5~12	3~16	4~20	5~25	6~30	8~40	10~50	12~60
	GB/T74	—	2~8	2.5~10	3~12	3~16	4~20	5~25	6~30	8~40	10~50	12~60
	GB/T75	—	2.5~8	3~10	4~12	5~16	6~20	8~25	8~30	10~40	12~50	14~60
l 系列		2, 2.5, 3, 4, 5, 6, 8, 10, 12, (14), 16, 20, 25, 30, 35, 40, 45, 50, (55), 60

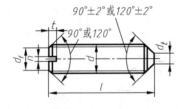
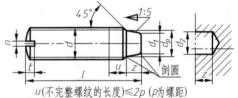

(a) 开槽锥端紧定螺钉(GB/T 71—2018)　　(b) 开槽锥端定位螺钉(GB/T 72—1988)

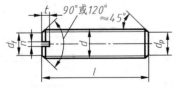
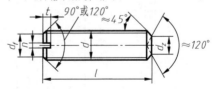

(c) 开槽平端紧定螺钉(GB/T 73—2017)　　(d) 开槽凹端紧定螺钉(GB/T 74—2018)

(e) 开槽长圆柱端紧定螺钉(GB/T 75—2018)

附图2-4　紧钉螺钉

（4）双头螺柱

双头螺柱—$b_m=1d$（GB 897—1988）
双头螺柱—$b_m=1.25d$（GB 898—1988）
双头螺柱—$b_m=1.5d$（GB 899—1988）
双头螺柱—$b_m=2d$（GB 900—1988）

标记示例

两端均为粗牙普通螺纹，$d=10mm$，$l=50mm$，性能等级为 4.8 级，不经表面处理，B 型，$b_m=1d$ 的双头螺柱：

螺柱　GB 897　M10×50

旋入端为粗牙普通螺纹，紧固端为螺距 $P=1mm$ 的细牙普通螺纹，$d=10mm$，$l=50mm$，性能等级为 4.8 级，不经表面处理，A 型、$b_m=1.25d$ 的双头螺柱：

螺柱　GB 898　AM10-M10×1×50　$d_s≈$螺纹中径（仅适用于 B 型）

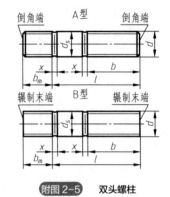

附图 2-5　双头螺柱

附表 2-5　双头螺柱的基本尺寸　　　　mm

螺纹规格 d	b 公称		d		X max	b	L 公称
	GB 897—1988	GB 898—1988	max	min			
M5	5	6	5	4.7		10	16~（22）
						16	25~50
M6	6	8	6	5.7		10	20、（22）
						14	25、（28）、30
						18	（32）~（75）
M8	8	10	8	7.64		12	20、（22）
						16	25、（28）、30
						22	（32）~90
M10	10	12	10	9.64	2.5P	14	25、（28）
						16	30、（38）
						26	40~120
						32	130
M12	12	15	12	11.57		16	25~30
						20	（32）~40
						30	45~120
						36	130~180
M16	16	20	16	15.57		20	30~（38）
						30	40~50
						38	60~120
						44	130~200

续表

螺纹规格 d	b公称 GB 897—1988	b公称 GB 898—1988	d max	d min	X max	b	L公称
M20	20	25	20	19.48	2.5P	25	35~40
						35	45~60
						46	(65)~120
						52	130~200

注：1. 本表未列入 GB 899—1988、GB 900—1988 两种规格。

2. P 表示螺距。

3. L 的长度系列：16，(8)，20，(22)，25，(28)，30，(32)，35，(38)，40，45，50，(55)，60，(65)，70，(75)，80，90，(95)，100~200（十进位）。括号内数值尽可能不采用。

4. 材料为钢的螺柱，性能等级有 4.8、5.8、6.8、8.8、10.9、12.9 级，其中 4.8 级为常用。

（5）垫圈

小垫圈　A 级（GB/T 848—2002）　平垫圈　倒角型　A 级（GB/T 97.2—2002）
平垫圈　A 级（GB/T 97.1—2002）

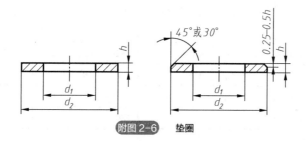

附图 2-6　垫圈

标记示例

标准系列、公称规格 8mm、由钢制造的硬度等级为 200HV 级、不经表面处理、产品等级为 A 级的平垫圈：

垫圈　GB/T 97.1—8

附表 2-6　垫圈的基本尺寸　　　　mm

公称规格（螺纹大径）d		1.6	2	2.5	3	4	5	6	8	10	12	16	20	24	30	36
d_1	GB/T 848—2002	1.7	2.2	2.7	3.2	4.3	5.3	6.4	8.4	10.5	13	17	21	25	31	37
	GB/T 97.1—2002	1.7	2.2	2.7	3.2	4.3	5.3	6.4	8.4	10.5	13	17	21	25	31	37
	GB/T 97.2—2002	—	—	—	—	—	5.3	6.4	8.4	10.5	13	17	21	25	31	37
d_2	GB/T 848—2002	3.5	4.5	5	6	8	9	11	15	18	20	28	34	39	50	60
	GB/T 97.1—2002	4	5	6	7	9	10	12	16	20	24	30	37	44	56	66
	GB/T 97.2—2002	—	—	—	—	—	10	12	16	20	24	30	37	44	56	66
h	GB/T 848—2002	0.3	0.3	0.5	0.5	0.5	1	1.6	1.6	1.6	2	2.5	3	4	4	5

续表

h	GB/T 97.1—2002	0.3	0.3	0.5	0.5	0.8	1	1.6	1.6	2	2.5	3	3	4	4	5
	GB/T 97.2—2002	—	—	—	—	—	1	1.6	1.6	2	2.5	3	3	4	4	5

注：1. 硬度等级有 200HV、300HV 级；材料有钢和不锈钢两种。

2. d 的范围：GB/T 848 为 1.6~36mm，GB/T 97.1 为 1.6~64mm，GB/T 97.2 为 5~64mm。表中所列的仅为 $d≤36$mm 的优选尺寸；$d>36$mm 的优选尺寸和非优选尺寸，可查阅这三个标准。

（6）标准型弹簧垫圈（GB 93—1987）

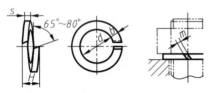

附图 2-7　弹簧垫圈

标记示例

规格 16mm，材料为 65Mn，表面氧化的标准型弹簧垫圈：

垫圈　GB 93—1987　16

附表 2-7　标准型弹簧垫圈的基本尺寸　　　　mm

公差规格（螺纹大径）	3	4	5	6	8	10	12	(14)	16	(18)	20	(22)	24	(27)	30
d	3.1	4.1	5.1	6.1	8.1	10.2	12.2	14.2	16.2	18.2	20.2	22.5	24.5	27.5	30.5
H	1.6	2.2	2.6	3.2	4.2	5.2	6.2	7.2	8.2	9	10	11	12	13.6	15
$s(b)$	0.8	1.1	1.3	1.6	2.1	2.6	3.1	3.6	4.1	4.5	5	5.5	6	6.8	7.5
$m≤$	0.4	0.55	0.65	0.8	1.05	1.3	1.55	1.8	2.05	2.25	2.5	2.75	3	3.4	3.75

注：1. 括号内的规格尽可能不采用。

2. m 应大于零。

（7）平键

键与键槽的剖面尺寸（GB/T 1095—2003）

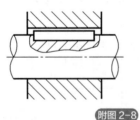

附图 2-8　键及键槽

标记示例

普通平键的型式和尺寸（GB/T 1096—2003）

圆头普通平键（A 型），$b=18$mm，$h=11$mm，$L=100$mm：GB/T 1096 键 18×11×100

方头普通平键（B 型），$b=18$mm，$h=11$mm，$L=100$mm：GB/T 1096 键 B18×11×100

单圆头普通平键（C 型），$b=18$mm，$h=11$mm，$L=100$mm：GB/T 1096 键 C18×11×100

附表 2-8　轴、键、键槽的基本尺寸　　　　　　　　　　　　　　　mm

轴	键	键槽										
			宽度 b				深度				半径 r	
				偏差								
公称直径 d	公称尺寸 b×h	公称尺寸 b	较松键连接		一般键连接		较紧键连接	轴 t		毂 t₁		
			轴 H9	毂 D10	轴 N9	毂 Js9	轴和毂 P9	公称	偏差	公称	偏差	最小	最大
自 6~8	2×2	2	+0.0250	+0.060 +0.020	-0.004 -0.029	±0.0125	-0.006 -0.031	1.2	+0.10	1	+0.10	0.08	0.16
>8~10	3×3	3						1.8		1.4			
>10~12	4×4	4	+0.030	+0.078 +0.030	0 -0.030	±0.015	-0.012 -0.042	2.5		1.8		0.16	0.25
>12~17	5×5	5						3.0		2.3			
>17~22	6×6	6						3.5		2.8			
>22~30	8×7	8	+0.0360	+0.098 +0.040	0 -0.036	±0.018	-0.015 -0.051	4.0		3.3		0.25	0.40
>30~38	10×8	10						5.0		3.3			
>38~44	12×8	12	+0.0430	+0.120 +0.050	0 -0.043	±0.0215	-0.018 -0.061	5.0	+0.20	3.3	+0.20		
>44~50	14×9	14						5.5		3.8			
>50~58	16×10	16						6.0		4.3			
>58~65	18×11	18						7.0		4.4			
>65~75	20×12	20	+0.0520	+0.149 +0.065	0 -0.052	±0.026	-0.022 -0.074	7.0		4.9		0.40	0.60
>75~85	22×14	22						9.0		5.4			
>85~95	25×14	25						9.0		5.4			
>95~110	28×16	28						10.0		6.4			

注：在工作图中轴槽深用（d-t）标注，（d-t）的极限偏差值应取负号；轮毂槽深用（d+t₁）标注。平键轴槽长的长度公差常用 H14。图中原标注的表面光洁度已折合成表面粗糙度 Ra 值标注。

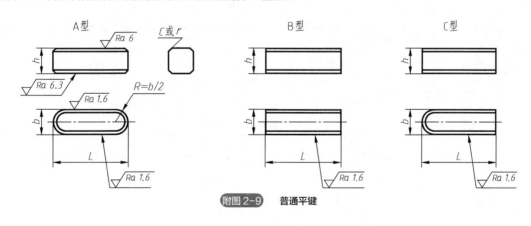

附图 2-9　普通平键

附表 2-9　普通平键的基本尺寸　　　　　　　　　　　　　　　mm

b	2	3	4	5	6	8	10	12	14	16	18	20	22	35
h	2	3	4	5	6	7	8	8	9	10	11	12	14	14

续表

C 或 r	0.16~0.25			0.25~0.40			0.40~0.60				0.60~0.80		
L	6~20	6~36	8~45	10~56	14~70	18~90	22~110	28~140	36~160	45~180	50~200	56~220	63~250	70~280
L 系列	6、8、10、12、14、16、18、20、22、25、28、32、40、45、50、56、63、70、80、90、100、110、125、140、160、180、200、220、250、280

注：材料常用 45 钢。图中原标注的表面光洁度已折合成表面粗糙度 Ra 值标注。键的极限偏差：宽（b）用 h9；高（h）用 h11；长（L）用 h14。

（8）销

圆柱销—不淬硬钢和奥氏体不锈钢（GB/T 119.1—2000）
圆柱销—淬硬钢和马氏体不锈钢（GB/T 119.2—2000）

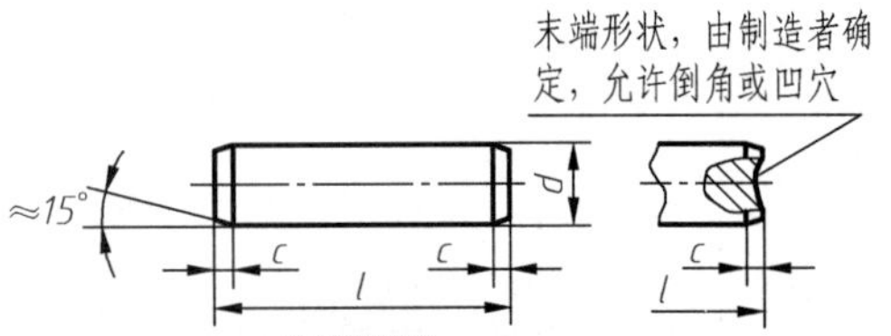

标记示例

公称直径 $d=6$mm、公差 m6、公称长度 $l=30$mm、材料为钢、不经淬火、不经表面处理的圆柱销：

销 GB/T 119.1 6m6×30

公称直径 $d=6$mm、公称长度 $l=30$mm、材料为钢、普通淬火（A 型）、表面氧化处理的圆柱销：

销 GB/T 119.2 6×30

附图 2-10 圆柱销

附表 2-10 圆柱销的基本尺寸   mm

公称直径 d		3	4	5	6	8	10	12	16	20	25	30	40	50
$c\approx$		0.50	0.50	0.80	1.2	1.6	2.0	2.5	3.0	3.5	4.0	5.0	6.3	8.0
公称长度 l	GB/T 119.1	8~30	8~40	10~50	12~60	14~80	18~95	22~140	26~180	35~200	50~200	60~200	80~200	95~200
	GB/T 119.2	8~30	10~40	12~50	14~60	18~80	22~100	26~100	40~100	50~100	—	—	—	—
L 系列		8、10、12、14、16、18、20、22、24、26、28、30、32、35、40、45、50、60、65、70、75、80、86、90、95、100、120、140、160、180、200

注：1. GB/T 119.1—2000 规定圆柱销的直径 $d=0.6$~50mm，公称长度 $l=2$~200mm，公差有 m6 和 h8。

2. GB/T 119.2—2000 规定圆柱销的直径 $d=1$~20mm，公称长度 $l=3$~100mm，公差仅有 m6。

3. 当圆柱销公差为 h8 时，其表面粗糙度 $Ra\leq1.6\mu m$。

圆锥销（GB/T 117—2000）
标记示例

公称直径 $d=10$mm、公称长度 $l=60$mm、材料为 35 钢、热处理硬度 28~38HRC、表面氧化处理的 A 型圆锥销：

销 GB/T 117 10×60

附图 2-11 圆锥销

附表 2-11 圆锥销的基本尺寸   mm

公称直径 d	4	5	6	8	10	12	16	20	25	30	40	50
$c \approx$	0.5	0.63	0.8	1	1.2	1.6	2	2.5	3	4	5	6.3
公称长度 l	14~55	18~60	22~90	22~120	26~160	32~180	40~200	45~200	50~200	55~200	60~200	65~200
L 系列	2,3,4,5,6,8,10,12,14,16,18,20,22,24,26,28,30,32,35,40,45,50,55,60,65,70,75,80,85,90,95,100,120,140,160,180,200											

注：1. 标准规定圆锥销的公称直径 d=0.6~50mm。

2. 有 A 型和 B 型。A 型为磨削，锥面表面粗糙度 Ra=0.8μm；B 型为切削或冷镦，锥面粗糙度 Ra=3.2μm。

附录三

（1）深沟球轴承（GB/T 276—2013）

附图 3-1 深沟球轴承

标记示例

类型代号 6、内圈孔径 d=60mm、尺寸系列代号为（0）2 的深沟球轴承：

滚动轴承　6212　GB/T 276—2013

附表 3-1　滚动轴承的基本尺寸　　　　　　mm

轴承代号	尺寸			轴承代号	尺寸		
	d	D	B		d	D	B
尺寸代号系列（1）0				尺寸代号系列（1）0			
606	6	17	6	6006	30	55	13
607	7	19	6	60/32	32	58	13
608	8	22	7	6007	35	62	14
609	9	24	7	6008	40	68	15
6000	10	26	8	6009	45	75	16
6001	12	28	8	6010	50	80	16
6002	15	32	9	6011	55	90	18
6003	17	35	10	6012	60	95	18
6004	20	42	12	尺寸代号系列（0）2			
60/22	22	44	12	623	3	10	4
6005	25	47	12	624	4	13	5
60/28	28	52	12	625	5	16	5

续表

轴承代号	尺寸			轴承代号	尺寸		
	d	D	B		d	D	B
尺寸代号系列（0）2				尺寸代号系列（0）3			
626	6	19	6	63/28	28	68	18
627	7	22	7	6306	30	72	19
628	8	24	8	63/32	32	75	20
629	9	26	8	6307	35	80	21
6200	10	30	9	6308	40	90	23
6201	12	32	10	6309	45	100	25
6202	15	35	11	6310	50	110	27
6203	17	40	12	6311	55	120	29
6204	20	47	14	631	60	130	31
62/22	22	50	14	尺寸代号系列（0）4			
6205	25	52	15	6403	17	62	17
62/28	28	58	16	6404	20	72	19
6206	30	62	16	6405	25	80	21
62/32	32	65	17	6406	30	90	23
6207	35	72	17	6407	35	100	25
6208	40	80	18	6408	40	110	27
6209	45	85	19	6409	45	120	29
6210	50	90	20	6410	50	130	31
6211	55	100	21	6411	55	140	33
6212	60	110	22	6412	60	150	35
尺寸代号系列（0）3				6413	65	160	37
633	3	13	5	6414	70	180	42
634	4	16	5	6415	75	190	45
635	5	19	6	6416	80	200	48
6300	10	35	11	6417	85	210	52
6301	12	37	12	6418	90	225	54
6302	15	42	13	6419	95	240	55
6303	17	47	14	6420	100	250	58
6304	20	52	15	6422	110	280	65
63/22	22	56	16				
6305	25	62	17				

注：表中括号"（）"，表示该数字在轴承代号中省略。

（2）圆锥滚子轴承（GB/T 297—2015）

附图 3-2　圆锥滚子轴承

标记示例

内圈孔径 d=35mm、尺寸系列代号为 03 的圆锥滚子轴承：

滚动轴承　30307　GB/T 297—2015

附表 3-2　圆锥滚子轴承的基本尺寸　　　　　　　　　mm

轴承代号	尺寸					轴承代号	尺寸				
	d	D	T	B	C		d	D	T	B	C
尺寸系列代号 02						尺寸系列代号 03					
30202	15	35	11.75	11	10	30307	35	80	22.75	21	18
30203	17	40	13.25	12	11	30308	40	90	25.25	23	20
30204	20	47	15.25	14	12	30309	45	100	27.25	25	22
30205	25	52	16.25	15	13	30310	50	110	29.25	27	23
30206	30	62	17.25	16	14	30311	55	120	31.5	29	25
302/32	32	65	18.25	17	15	30312	60	130	33.5	31	26
30207	35	72	18.75	17	15	30313	65	140	36	33	28
30208	40	80	19.75	18	16	30314	70	150	38	35	30
30209	45	85	20.75	19	16	30315	75	160	40	37	31
30210	50	90	21.75	20	17	30316	80	170	42.5	39	33
30211	55	100	22.75	21	18	30317	85	180	44.5	41	34
30212	60	110	23.75	22	19	30318	90	190	46.5	43	36
30213	65	120	24.75	23	20	30319	95	200	49.5	45	38
30214	70	125	26.75	24	21	30320	100	215	51.5	47	39
30215	75	130	27.75	25	22	尺寸系列代号 23					
30216	80	140	28.75	26	22	32303	17	47	20.25	19	16
30217	85	150	30.5	28	24	32304	20	52	22.25	21	18
30218	90	160	32.5	30	26	32305	25	62	25.25	24	20
30219	95	170	34.5	32	27	32306	30	72	28.75	27	23
30220	100	180	37	34	29	32307	35	80	32.75	31	25
尺寸系列代号 03						32308	40	90	35.25	33	27
30302	15	42	14.25	13	11	32309	45	100	38.25	36	30
30303	17	47	15.25	14	12	32310	50	110	42.25	40	33
30304	20	52	16.25	15	13	32311	55	120	45.5	43	35
30305	25	62	18.25	17	15	32312	60	130	48.5	46	37
30306	30	72	20.75	19	16	32313	65	140	51	48	39

续表

轴承代号	尺寸					轴承代号	尺寸				
	d	D	T	B	C		d	D	T	B	C
尺寸系列代号 23						尺寸系列代号 30					
32314	70	150	54	51	42	33014	70	110	31	31	25.5
32315	75	160	58	55	45	33015	75	115	31	31	25.5
32316	80	170	61.5	58	48	33016	80	125	36	36	29.5
尺寸系列代号 30						尺寸系列代号 31					
33005	25	47	17	17	14	33108	40	75	26	26	20.5
33006	30	55	20	20	16	33109	45	80	26	26	20.5
33007	35	62	21	21	17	33110	50	85	26	26	20
33008	40	68	22	22	18	33111	55	95	30	30	23
33009	45	75	24	24	19	33112	60	100	30	30	23
33010	50	80	24	24	19	33113	65	110	34	34	26.5
33011	55	90	27	27	21	33114	70	120	37	37	29
33012	60	95	27	27	21	33115	75	125	37	37	29
33013	65	100	27	27	21	33116	80	130	37	37	29

（3）推力球轴承（GB/T 301—2015）

附图 3-3　推力球轴承

标记示例

内圈孔径 d=30mm、尺寸系列代号为 13 的推力圆轴承：

滚动轴承　51306　GB/T 301——2015

附表 3-3　推力球轴承的基本尺寸　　　　　mm

轴承代号	尺寸					轴承代号	尺寸				
	d	D	T	d_1	D_1		d	D	T	d_1	D_1
尺寸系列代号 11						尺寸系列代号 11					
51104	20	35	10	21	35	51112	60	85	17	62	85
51105	25	42	11	26	42	51113	65	90	18	67	90
51106	30	47	11	32	47	51114	70	95	18	72	95
51107	35	52	12	37	52	51115	75	100	19	77	100
51108	40	60	13	42	60	51116	80	105	19	82	105
51109	45	65	14	47	65	51117	85	110	19	87	110
51110	50	70	14	52	70	51118	90	120	22	92	120
51111	55	78	16	57	78	51120	100	135	25	102	135

续表

轴承代号	尺寸					轴承代号	尺寸				
	d	D	T	d_1	D_1		d	D	T	d_1	D_1
尺寸系列代号 12						尺寸系列代号 13					
51204	20	40	14	22	40	51312	60	110	35	62	110
51205	25	47	15	27	47	51313	65	115	36	67	115
51206	30	52	16	32	52	51314	70	125	40	72	125
51207	35	62	18	62	62	51315	75	135	44	77	135
51208	40	68	19	68	68	51316	80	140	44	82	140
51209	45	73	20	73	73	51317	85	150	49	88	150
51210	50	78	22	78	78	51318	90	155	50	93	155
51211	55	90	25	90	90	51320	100	170	55	103	170
51212	60	95	26	95	95	尺寸系列代号 14					
51213	65	100	27	100	100	51404	25	60	24	27	60
51214	70	105	27	105	105	51405	30	70	28	32	70
51215	75	110	27	110	110	51406	35	80	32	37	80
51216	80	115	28	115	115	51407	40	90	36	42	90
51217	85	125	31	125	125	51408	45	100	39	47	100
51218	90	135	35	135	135	51409	50	110	43	52	110
51220	100	150	38	150	150	51410	55	120	48	57	120
尺寸系列代号 13						51411	60	130	51	62	130
51304	20	47	18	22	47	51412	65	140	56	68	140
51305	25	52	18	27	52	51413	70	150	60	73	150
51306	30	60	21	32	60	51414	75	160	65	78	160
51307	35	68	24	37	68	51415	80	170	68	83	170
51308	40	78	26	42	78	51416	85	180	72	88	177
51309	45	85	28	47	85	51417	90	190	77	93	187
51310	50	95	31	52	95	51418	100	210	85	103	205
51311	55	105	35	57	105	51420	110	230	95	113	225

注：推力球轴承有 51000 型和 52000 型。类型代号都是 5，尺寸系列代号分别为 11、12、13、14 和 21、22、23、24。52000 型推力球轴承的形式、尺寸可查阅 GB/T 301——2015 或参考文献［2］。

附录四

（1）零件倒圆与倒角（摘自 GB/T 6403.4—2008）

附表 4-1 倒圆与倒角、内角倒角、外角倒圆装配时 C_{max} 与 R_1 的关系

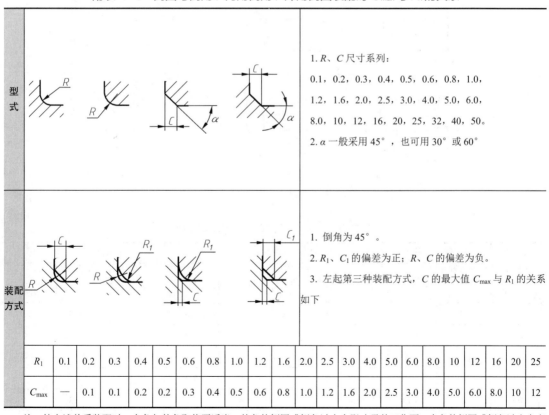

型式		1. R、C 尺寸系列： 0.1，0.2，0.3，0.4，0.5，0.6，0.8，1.0， 1.2，1.6，2.0，2.5，3.0，4.0，5.0，6.0， 8.0，10，12，16，20，25，32，40，50。 2. α 一般采用 45°，也可用 30°或 60°
装配方式		1. 倒角为 45°。 2. R_1、C_1 的偏差为正；R、C 的偏差为负。 3. 左起第三种装配方式，C 的最大值 C_{max} 与 R_1 的关系如下

R_1	0.1	0.2	0.3	0.4	0.5	0.6	0.8	1.0	1.2	1.6	2.0	2.5	3.0	4.0	5.0	6.0	8.0	10	12	16	20	25
C_{max}	—	0.1	0.1	0.2	0.2	0.3	0.4	0.5	0.6	0.8	1.0	1.2	1.6	2.0	2.5	3.0	4.0	5.0	6.0	8.0	10	12

注：按上述关系装配时，内角与外角取值要适当，外角的倒圆或倒角过大会影响零件工作面；内角的倒圆或倒角过小会产生应力集中。

附表 4-2　与直径 ϕ 相应的倒角 C、倒圆 R 的推荐值　　　　　　　　　　　mm

ϕ	~3	>3~6	>6~10	>10~18	>18~30	>30~50	>50~80	>80~120	>120~180
C 或 R	0.2	0.4	0.6	0.8	1.0	1.6	2.0	2.5	3.0
ϕ	>180~250	>250~320	>320~400	>400~500	>500~630	>630~800	>800~1000	>1000~1250	>1250~1600
C 或 R	4.0	5.0	6.0	8.0	10	12	16	20	25

附表 4-3　砂轮越程槽（摘自 GB/T 6403.5—2008）　　　　　　　　　　　mm

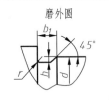
磨外圆

磨内圆

b_1	0.6	1.0	1.6	2.0	3.0	4.0	5.0	8.0	10
b_2	2.0		3.0		4.0		5.0	8.0	10
h	0.1		0.2	0.3		0.4	0.6	0.8	1.2
r	0.2		0.5	0.8		1.0	1.6	2.0	3.0
d		~10			>10~50		>50~100		>100

（2）普通螺纹收尾、肩距、退刀槽、倒角（GB/T 3—1997）

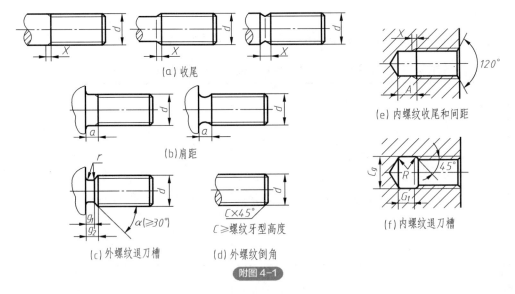

附图 4-1

附表 4-4　外螺纹的收尾、肩距和退刀槽　　　　　　　　　　　mm

螺距 P	收尾 x max		肩距 a max			退刀槽			
	一般	短的	一般	长的	短的	g_1 min	g_2 max	d_g	$r\approx$
0.5	1.25	0.7	1.5	2	1	0.8	1.5	d − 0.8	0.2
0.6	1.5	0.75	1.8	2.4	1.2	0.9	1.8	d − 1	0.4
0.7	1.75	0.9	2.1	2.8	1.4	1.1	2.1	d − 1.1	0.4
0.75	1.9	1	2.25	3	1.5	1.2	2.25	d − 1.2	0.4
0.8	2	1	2.4	3.2	1.6	1.3	2.4	d − 1.3	0.4
1	2.5	1.25	3	4	2	1.6	3	d − 1.6	0.6
1.25	3.2	1.6	4	5	2.5	2	3.75	d − 2	0.6

续表

螺距 P	收尾 x max		肩距 a max			退刀槽			
	一般	短的	一般	长的	短的	g_1 min	g_2 max	d_g	$r \approx$
1.5	3.8	1.9	4.5	6	3	2.5	4.5	d − 2.3	0.8
1.75	4.3	2.2	5.3	7	3.5	3	5.25	d − 2.6	1
2	5	2.5	6	8	4	3.4	6	d − 3	1
2.5	6.3	3.2	7.5	10	5	4.4	7.5	d − 3.6	1.2
3	7.5	3.8	9	12	6	5.2	9	d − 4.4	1.6
3.5	9	4.5	10.5	14	7	6.2	10.5	d − 5	1.6
4	10	5	12	16	8	7	12	d − 5.7	2
4.5	11	5.5	13.5	18	9	8	13.5	d − 6.4	2.5
5	12.5	6.3	15	20	10	9	15	d − 7	2.5
5.5	14	7	16.5	22	11	11	17.5	d − 7.7	3.2
6	15	7.5	18	24	12	11	18	d − 8.3	3.2
参考值	≈2.5P	≈1.25P	≈3P	=4P	=2P	—	≈3P	—	—

注：1. 应优先选用"一般"长度的收尾和肩距；"短"收尾和"短"肩距仅用于结构受限的螺纹件上；产品等级为 B 或 C 级的螺纹紧固件可采用"长"肩距。

2. d 为螺纹公称直径代号。

3. d_g 公差为：h13（d>3mm），h12（d≤3mm）。

附表 4-5 内螺纹的收尾、肩距和退刀槽

mm

螺距 P	收尾 X max		肩距 A		退刀槽			
					G_1		D_g	$R \approx$
	一般	短的	一般	长的	一般	短的		
0.5	2	1	3	4	2	1		0.2
0.6	2.4	1.2	3.2	4.8	2.4	1.2		0.3
0.7	2.8	1.4	3.5	5.6	2.8	1.4	D+0.3	0.4
0.75	3	1.5	3.8	6	3	1.5		0.4
0.8	3.2	1.6	4	6.4	3.2	1.6		0.4
1	4	2	5	8	4	2		0.5
1.25	5	2.5	6	10	5	2.5		0.6
1.5	6	3	7	12	6	3		0.8
1.75	7	3.5	9	14	7	3.5		0.9
2	8	4	10	16	8	4	D+0.5	1
2.5	10	5	12	18	10	5		1.2
3	12	6	14	22	12	6		1.5
3.5	14	7	16	24	14	7		1.8
4	16	8	18	26	16	8		2

续表

螺距 P	收尾 X max		肩距 A		退刀槽			
					G_1		D_g	$R\approx$
	一般	短的	一般	长的	一般	短的		
4.5	18	9	21	29	18	9	$D+0.5$	2.2
5	20	10	23	32	20	10		2.5
5.5	22	11	25	35	22	11		2.8
6	24	12	28	38	24	12		3
参考值	=4P	=2P	≈（6～5）P	≈（8～6.5）P	=4P	=2P	—	≈0.5P

注：1. 应优先选用"一般"长度的收尾和肩距；容屑需要较大空间时可选用"长"肩距，结构受限制时可选用"短"收尾。

2. "短"退刀槽仅在结构受限制时采用。

3. D_g 公差为 H13。

4. D 为螺纹公称直径代号。

附录五

附表 5-1 标准公差数值（GB/T 1800.1—2020）

公称尺寸/mm		标准公差等级																		
		IT01	IT0	IT1	IT2	IT3	IT4	IT5	IT6	IT7	IT8	IT9	IT10	IT11	IT12	IT13	IT14	IT15	IT16	IT17	IT18
大于	至						μm											mm			
—	3	0.3	0.5	0.8	1.2	2	3	4	6	10	14	25	40	60	0.1	0.14	0.25	0.4	0.6	1	1.4
3	6	0.4	0.6	1	1.5	2.5	4	5	8	12	18	30	48	75	0.12	0.18	0.3	0.48	0.75	1.2	1.8
6	10	0.4	0.6	1	1.5	2.5	4	6	9	15	22	36	58	90	0.15	0.22	0.36	0.58	0.9	1.5	2.2
10	18	0.5	0.8	1.2	2	3	5	8	11	18	27	43	70	110	0.18	0.27	0.43	0.7	1.1	1.8	2.7
18	30	0.6	1	1.5	2.5	4	6	9	13	21	33	52	84	130	0.21	0.33	0.52	0.84	1.3	2.1	3.3
30	50	0.6	1	1.5	2.5	4	7	11	16	25	39	62	100	160	0.25	0.39	0.62	1	1.6	2.5	3.9
50	80	0.8	1.2	2	3	5	8	13	19	30	46	74	120	190	0.3	0.46	0.74	1.2	1.9	3	4.6
80	120	1	1.5	2.5	4	6	10	15	22	35	54	87	140	220	0.35	0.54	0.87	1.4	2.2	3.5	5.4
120	180	1.2	2	3.5	5	8	12	18	25	40	63	100	160	250	0.4	0.63	1	1.6	2.5	4	6.3
180	250	2	3	4.5	7	10	14	20	29	46	72	115	185	290	0.46	0.72	1.15	1.85	2.9	4.6	7.2
250	315	2.5	4	6	8	12	16	23	32	52	81	130	210	320	0.52	0.81	1.3	2.1	3.2	5.2	8.1
315	400	3	5	7	9	13	18	25	36	57	89	140	230	360	0.57	0.89	1.4	2.3	3.6	5.7	8.9
400	500	4	6	8	10	15	20	27	32	63	97	155	250	400	0.63	0.97	1.55	2.5	4	6.3	9.7

附表 5-2 轴的极限偏差数值（根据 GB/T 1800.2—2020） μm

公差带代号	c	d	f			g		h					
公称尺寸/mm	11	9	6	7	8	6	7	6	7	8	9	10	11	12
>0~3	-60 -120	-20 -45	-6 -12	-6 -16	-6 -20	-2 -8	-2 -12	0 -6	0 -10	0 -14	0 -25	0 -40	0 -60	0 -100

续表

公差带代号 公称尺寸/mm	c 11	d 9	f 6	f 7	f 8	g 6	g 7	h 6	h 7	h 8	h 9	h 10	h 11	h 12
>3~6	−70 −145	−30 −60	−10 −18	−10 −22	−10 −28	−4 −12	−4 −16	0 −8	0 −12	0 −18	0 −30	0 −48	0 −75	0 −120
>6~10	−80 −170	−40 −76	−13 −22	−13 −28	−13 −35	−5 −14	−5 −20	0 −9	0 −15	0 −22	0 −36	0 −58	0 −90	0 −150
>10~18	−95 −205	−50 −93	−16 −27	−16 −34	−16 −43	−6 −17	−6 −24	0 −11	0 −18	0 −27	0 −43	0 −70	0 −110	0 −180
>18~30	−110 −240	−65 −117	−20 −33	−20 −41	−20 −53	−7 −20	−7 −28	0 −13	0 −21	0 −33	0 −52	0 −84	0 −130	0 −210
>30~40	−120 −280	−80 −142	−25 −41	−25 −50	−25 −64	−9 −25	−9 −32	0 −16	0 −25	0 −39	0 −62	0 −100	0 −160	0 −250
>40~50	−130 −290													
>50~65	−140 −330	−100 −174	−30 −49	−30 −60	−30 −76	−10 −19	−10 −40	0 −19	0 −30	0 −46	0 −74	0 −120	0 −190	0 −300
>65~80	−150 −340													
>80~100	−170 −390	−120 −207	−36 −58	−36 −71	−36 −90	−12 −34	−12 −47	0 −22	0 −35	0 −54	0 −87	0 −140	0 −220	0 −350
>100~120	−180 −400													
>120~140	−200 −450	−145 −245	−43 −68	−43 −83	−43 −106	−14 −39	−14 −54	0 −25	0 −40	0 −63	0 −100	0 −160	0 −250	0 −400
>140~160	−240 −460													
>160~180	−230 −480													
>180~200	−240 −530	−170 −285	−50 −79	−50 −96	−50 −122	−15 −44	−15 −61	0 −29	0 −46	0 −72	0 −115	0 −185	0 −290	0 −290
>200~225	−260 −550													
>225~250	−280 −570													
>250~280	−300 −620	−190 −320	−56 −88	−56 −108	−56 −137	−17 −49	−17 −69	0 −32	0 −52	0 −81	0 −130	0 −210	0 −320	0 −520
>280~315	−330 −650													

续表

公差带代号\公称尺寸/mm	c	d	f			g		h					
	11	9	6	7	8	6	7	6	7	8	9	10	11	12
>315~355	−360 −720	−210 −350	−62 −98	−62 −119	−62 −151	−18 −54	−18 −75	0 −36	0 −57	0 −89	0 −140	0 −230	0 −360	0 −570
>355~400	−400 −760													

公差带代号\公称尺寸/mm	j	js	k		m		n		p		r	s	t	u
	7	6	6	7	6	7	6	7	6	7	6	6	6	6
>0~3	+6 −4	±3	+6 0	+10 0	+8 +2	+12 +2	+10 +4	+14 +4	+12 +6	+16 +6	+16 +10	+20 +14		+24 +18
>3~6	+8 −4	±4	+9 +1	+13 +1	+12 +4	+16 +4	+16 +8	+20 +8	+20 +12	+24 +12	+23 +15	+27 +19		+31 +23
>6~10	+10 −5	±4.5	+10 +1	+16 +1	+15 +6	+21 +6	+19 +10	+25 +10	+24 +15	+30 +15	+28 +19	+32 +23		+37 +28
>10~18	+12 −6	±5.5	+12 +1	+19 +1	+18 +7	+25 +7	+23 +12	+30 +12	+29 +18	+36 +18	+34 +23	+39 +28		+44 +33
>18~24	+13 −8	±6	+15 +2	+23 +2	+21 +8	+29 +8	+28 +15	+36 +15	+35 +22	+43 +22	+41 +28	+48 +35		+54 +41
>24~30													+54 +41	+61 +48
>30~40	+15 −10	±8	+18 +2	+27 +2	+25 +9	+34 +9	+33 +17	+42 +17	+42 +26	+51 +26	+50 +34	+59 +43	+64 +48	+76 +60
>40~50													+70 +5	+86 +70
>50~65	+18 −12	±9.5	+21 +2	+32 +2	+30 +11	+41 +11	+39 +20	+50 +20	+51 +32	+62 +32	+60 +41	+72 +53	+85 +66	+106 +87
>65~80											+62 +43	+78 +59	+94 +75	+121 +102
>80~100	+20 −15	±11	+25 +3	+38 +3	+35 +13	+48 +13	+45 +23	+58 +23	+59 +37	+72 +37	+73 +51	+93 +71	+113 +91	+146 +124
>100~120											+76 +54	+101 +79	+126 +104	+166 +144
>120~140	+22 −18	±12.5	+28 +3	+43 +3	+40 +15	+55 +15	+52 +27	+67 +27	+68 +43	+83 +43	+88 +63	+117 +92	+147 +122	+195 +170
>140~160											+90 +65	+125 +100	+159 +134	+215 +190
>160~180											+93 +68	+133 +108	+171 +146	+235 +210

续表

公差带代号 公称尺寸/mm	j 7	js 6	k 6	k 7	m 6	m 7	n 6	n 7	p 6	p 7	r 6	s 6	t 6	u 6
>180~200	+25 -21	±14.5	+33 +4	+50 +4	+46 +17	+63 +17	+60 +31	+77 +31	+79 +50	+96 +50	+106 +77	+151 +122	+195 +166	+265 +236
>200~225	+25 -21	±14.5	+33 +4	+50 +4	+46 +17	+63 +17	+60 +31	+77 +31	+79 +50	+96 +50	+109 +80	+159 +130	+209 +180	+287 +258
>225~250	+25 -21	±14.5	+33 +4	+50 +4	+46 +17	+63 +17	+60 +31	+77 +31	+79 +50	+96 +50	+113 +84	+169 +140	+225 +196	+313 +284
>250~280	±26	±16	+36 +4	+56 +4	+52 +20	+72 +20	+66 +34	+86 +34	+88 +56	+108 +56	+126 +94	+190 +158	+250 +218	+347 +315
>280~315	±26	±16	+36 +4	+56 +4	+52 +20	+72 +20	+66 +34	+86 +34	+88 +56	+108 +56	+130 +98	+202 +170	+272 +240	+382 +350
>315~355	+29 -28	±18	+40 +4	+61 +4	+57 +21	+78 +21	+73 +37	+94 +37	+98 +62	+119 +62	+144 +108	+226 +190	+304 +268	+426 +390
>355~400	+29 -28	±18	+40 +4	+61 +4	+57 +21	+78 +21	+73 +37	+94 +37	+98 +62	+119 +62	+150 +114	+244 +208	+330 +294	+471 +435

附表 5-3　孔的极限偏差数值（根据 GB/T 1800.2—2020）　　　　μm

公差带代号 公称尺寸/mm	A 11	B 12	C 11	D 9	E 8	F 8	F 9	G 7	H 6	H 7	H 8	H 9	H 10	H 11
>0~3	+330 +270	+240 +140	+120 +60	+45 +20	+28 +14	+20 +6	+31 +6	+12 +2	+6 0	+10 0	+14 0	+25 0	+40 0	+60 0
>3~6	+345 +270	+260 +140	+145 +70	+60 +30	+38 +20	+28 10	+40 +10	+16 +4	+8 0	+12 0	+18 0	+30 0	+48 0	+75 0
>6~10	+370 +280	+300 +150	+170 +70	+76 +40	+47 +25	+35 +13	+49 +13	+20 +5	+9 0	+15 0	+22 0	+36 0	+58 0	+90 0
>10~18	+400 +290	+330 +150	+205 +95	+93 +50	+59 +32	+43 +16	+59 +19	+24 +6	+11 0	+18 0	+27 0	+43 0	+70 0	+110 0
>18~24	+430 +300	+370 +160	+240 +110	+117 +65	+73 +40	+53 +20	+72 +20	+28 +7	+13 0	+21 0	+33 0	+52 0	+84 0	+130 0
>24~30	+430 +300	+370 +160	+240 +110	+117 +65	+73 +40	+53 +20	+72 +20	+28 +7	+13 0	+21 0	+33 0	+52 0	+84 0	+130 0
>30~40	+470 +310	+420 +170	+280 +120	+142 +80	+89 +50	+64 +25	+87 +25	+34 +9	+16 0	+25 0	+39 0	+62 0	+100 0	+160 0
>40~50	+480 +320	+430 +180	+290 +130	+142 +80	+89 +50	+64 +25	+87 +25	+34 +9	+16 0	+25 0	+39 0	+62 0	+100 0	+160 0
>50~65	+530 +340	+490 +190	+330 +140	+174 +100	+106 +60	+76 +30	+104 +30	+40 +10	+19 0	+30 0	+46 0	+74 0	+120 0	+190 0

续表

公差带代号 公称尺寸/mm	A	B	C	D	E	F		G	H					
	11	12	11	9	8	8	9	7	6	7	8	9	10	11
>65~80	+550 +360	+500 +200	+340 +150	+174 +100	+106 +60	+76 +30	+104 +30	+40 +10	+19 0	+30 0	+46 0	+74 0	+120 0	+190 0
>80~100	+600 +380	+570 +220	+390 +170	+207 +120	+126 +72	+90 +36	+123 +36	+47 +12	+22 0	+35 0	+54 0	+87 0	+140 0	+220 0
>100~120	+630 +410	+590 +240	+400 +180											
>120~140	+710 +460	+660 +410	+450 +200	+245 +145	+148 +85	+106 +43	+143 +43	+54 +14	+25 0	+40 0	+63 0	+100 0	+160 0	+250 0
>140~160	+770 +460	+680 +280	+460 +210											
>160~180	+830 +580	+710 +310	+480 +230											
>180~200	+950 +660	+800 +340	+530 +240	+285 +170	+172 +100	+122 +50	+165 +50	+61 +15	+29 0	+46 0	+72 0	+115 0	+185 0	+290 0
>200~225	+1030 +740	+840 +380	+550 +260											
>225~250	+1110 +820	+880 +420	+570 +280											
>250~280	+1240 +920	+1000 +480	+620 +300	+320 +190	+191 +110	+137 +56	+186 +56	+69 +17	+32 0	+52 0	+81 0	+130 0	+210 0	+320 0
>280~315	+1370 +1050	+1060 +540	+650 +330											
>315~355	+1560 +1200	+1170 +600	+720 +360	+350 +210	+214 +125	+151 +62	+202 +60	+75 +18	+36 0	+57 0	+89 0	+140 0	+230 0	+360 0
>355~400	+1710 +1350	+1250 +680	+760 +400											

公差带代号 公称尺寸/mm	H	JS		K		M		N		P	R	S	T	U
	12	7	8	7	8	7	8	7	8	7	7	7	7	7
>0~3	+100 0	±6	±7	0 -10	0 -14	-2 -12	-2 -16	-4 -14	-4 -18	-6 -16	-10 -20	-14 -24		-18 -28
>3~6	+120 0	±6	±9	+3 -9	+5 -13	0 -12	+2 -16	-4 -16	-2 -20	-8 -20	-11 -23	-15 -27		-19 -31
>6~10	+150 0	±7	±11	+5 -10	+6 -16	0 -15	+1 -21	-4 -19	-3 -25	-9 -24	-13 -28	-17 -32		-22 -37

续表

公差带代号 公称尺寸/mm	H	JS		K		M		N		P	R	S	T	U
	12	7	8	7	8	7	8	7	8	7	7	7	7	7
>10~18	+180 0	±9	±13	+6 -12	+8 -19	0 -18	+2 -25	-5 -23	-3 -60	-11 -29	-16 -34	-21 -39		-26 -44
>18~24	+210 0	±10	±16	+6 -15	+10 -23	0 -21	+4 -29	-7 -28	-3 -36	-14 -35	-20 -31	-27 -48		-33 -54
>24~30													-38 -54	-40 -61
>30~40	+250 0	±12	±19	+7 -18	+12 -27	0 -25	+5 -34	-8 -33	-3 -42	-17 -42	-25 -50	-34 -59	-39 -64	-51 -76
>40~50													-48 -70	-61 -86
>50~65	+300 0	±15	±23	+9 -21	+14 -32	0 -30	+5 -41	-9 -39	-4 -50	-21 -51	-30 -60	-42 -72	-55 -85	-79 -106
>65~80											-32 -62	-48 -78	-64 -94	-91 -121
>80~100	+350 0	±17	±27	+10 -25	+16 -38	0 -35	+6 -48	-10 -45	-4 -58	-24 -59	-38 -73	-58 -93	-78 -113	-111 -146
>100~120											-41 -76	-66 -101	-91 -126	-131 -166
>120~140	+400 0	±20	±31	+12 -28	+20 -43	0 -40	+8 -55	-12 -52	-4 -67	-28 -68	-48 -88	-77 -117	-107 -137	-155 -195
>140~160											-50 -90	-85 -125	-120 -159	-175 -215
>160~180											-53 -93	-93 -133	-131 -171	-195 -235
>180~200	+460 0	±23	±36	+13 -33	+22 -50	0 -46	+9 -63	-14 -60	-5 -77	-33 -79	-60 -106	-105 -151	-149 -195	-219 -265
>200~225											-63 -109	-113 -159	-163 -209	-241 -287
225~250											-67 -113	-123 -169	-179 -225	-267 -313
>250~280	+520 0	±26	±40	+16 136	+25 -56	0 -52	+9 -72	-14 -66	-5 -86	-36 -88	-74 -126	-138 -190	-198 -250	-295 -347
>280~315											-78 -130	-150 -202	-220 -272	-330 -382

续表

公差带代号 公称尺寸/mm	H	JS		K		M		N		P	R	S	T	U
	12	7	8	7	8	7	8	7	8	7	7	7	7	7
>315~355	+570	±28	±44	+17	+28	0	+11	−16	−5	−41	−87 −14	−169 −226	−247 −304	−369 −426
>355~400	0			−40	−61	−57	−78	−73	−94	−98	−93 −150	−187 −244	−273 −330	−414 −471

参 考 文 献

[1] 丁乔. 机械制图. 武汉：华中科技大学出版社，2021.
[2] 赵增慧. 工程制图. 北京：中国石化出版社，2016.
[3] 安瑛. 工程制图（附习题集）. 北京：化学工业出版社，2019.
[4] 王丹虹，宋洪侠，陈霞. 现代工程制图. 2版. 北京：高等教育出版社，2017.
[5] 陶冶，张洪军. 现代机械制图. 北京：机械工业出版社，2021.
[6] 张应龙. 机械制图规范画法从入门到精通. 北京：化学工业出版社，2023.
[7] 胡其登. SolidWorks 工程图教程. 北京：机械工业出版社，2020.